系统理论视角下
煤矿瓦斯灾害防治技术研究

/

**Research on Prevention and Control Technology of
Coal Mine Gas Disaster from the Perspective of System Theory**

孙光裕　著

重庆大学出版社

内容提要

本书基于系统理论视角详细分析和总结了煤矿瓦斯爆炸、煤与瓦斯突出等煤矿瓦斯灾害防治方法，提出了煤矿瓦斯爆炸灾前危机应急响应机制和煤与瓦斯突出事故仿真分析的学术思想及防治措施，为煤矿瓦斯治理提供了参考和借鉴。本书涵盖了 8 个章节，主要论述了煤矿瓦斯爆炸灾前危机应急响应模式研究和煤矿瓦斯爆炸灾前危机应急响应数字模型研究等方面的内容，并分别提出了具体的瓦斯灾害防治措施。本书可供从事采矿工程、安全工程等领域的技术人员、科研人员使用，也可作为高等院校相关专业的本科生、硕士研究生、博士研究生等开展相关研究的参考书籍。

图书在版编目(CIP)数据

系统理论视角下煤矿瓦斯灾害防治技术研究／孙光
裕著． -- 重庆：重庆大学出版社，2025. 5. -- ISBN
978-7-5689-5295-8

Ⅰ. TD712

中国国家版本馆 CIP 数据核字第 20256EQ578 号

系统理论视角下煤矿瓦斯灾害防治技术研究
XITONG LILUN SHIJIAO XIA MEIKUANG WASI ZAIHAI FANGZHI JISHU YANJIU
孙光裕　著
策划编辑:杨粮菊
责任编辑:杨育彪　　版式设计:杨粮菊
责任校对:关德强　　责任印制:张　策

*

重庆大学出版社出版发行
社址:重庆市沙坪坝区大学城西路 21 号
邮编:401331
电话:(023) 88617190　88617185(中小学)
传真:(023) 88617186　88617166
网址:http://www.cqup.com.cn
邮箱:fxk@ cqup. com. cn(营销中心)
全国新华书店经销
重庆升光电力印务有限公司印刷

*

开本:720mm×1020mm　1/16　印张:11　字数:156 千
2025 年 5 月第 1 版　　2025 年 5 月第 1 次印刷
ISBN 978-7-5689-5295-8　定价:78.00 元

作者简介

孙光裕,共产党员,讲师,现任六盘水师范学院矿业与机械工程学院教学科研科副科长。

发表学术论文 10 篇,其中发表在中文核心期刊 2 篇,国际英文期刊 2 篇。主持贵州省科学技术协会"新质黔沿"引领项目 1 项,贵州省教育厅青年人才成长项目 1 项,六盘水市科技局基础研究项目 1 项,校级科研项目、教改项目共 4 项;校级大学生创新训练项目、指导校级大学生科研训练项目共 5 项。指导学生参加第十届"全国高校采矿工程专业学生实践作品"大赛荣获三等奖 2 项,参加 2024 年"中国大学生工程实践与创新能力大赛贵州省赛"荣获一等奖 1 项。曾在第九届中国矿山安全技术装备与管理大会,第十二届中国矿业科技大会,2024 年中国岩石力学与工程学会矿山开采与生态修复学术大会,中国煤炭学会第八届煤炭行业青年科学家论坛,2024 年全国煤矿安全、高效、绿色开采与支护技术新进展研讨会,2024 年贵阳红枫湖绿色发展学术论坛等会议上作学术报告累计 6 场。曾主编《贵州省煤炭行业知识产权战略发展报告》学术专著。荣获中国矿山安全学会 2024 年青年优秀学术论文荣誉称号、六盘水师范学院 2024 年优秀教育工作者荣誉称号。

前　言

煤炭是我国重要的基础能源。尽管国家的宏观调控政策导致煤炭在一次能源消费结构中的比重下降，但煤炭需求属于刚性需求，煤炭将长期占据我国能源的主导地位。煤矿瓦斯爆炸事故发生的可能性及危害程度将伴随着开采规模的不断加大和生产水平的不断提高而愈发上升；而煤与瓦斯突出事故的复合动力灾害现象在深部矿井高地应力、高瓦斯压力、高温和低渗流煤体开采扰动影响下所形成的耦合作用愈发凸显，破坏程度也愈发剧烈。

在对众多煤矿瓦斯灾害事故的致因调查分析中，我们发现缺乏科学、合理的安全管理通常是造成煤矿瓦斯灾害事故频发和损失扩大的重要原因。任何煤矿瓦斯灾害事故的预防问题，归根到底都是人员、设备、环境、管理问题及相互之间的协调问题。因此，要做好煤矿瓦斯灾害事故防治工作，实现煤矿企业持续稳定的安全生产，在关注技术工程层面问题的同时，更要研究人员、设备、环境、管理之间的矛盾规律；而要研究其矛盾运动规律，就必须从系统理论的视角出发。

本书的研究工作是在 2025 年度贵州省工程研究中心资金项目"贵州省煤炭资源开发与清洁利用工程研究中心"（项目编号：黔发改高技〔2025〕90 号）、六盘水师范学院"煤炭绿色开采与清洁利用"学科方向团队资金项目（项目编号：LPSSY2023XKTD02）等科研项目的大力资助下完成的。本书在系统理论视角下开展煤矿瓦斯爆炸、煤与瓦斯突出等灾害防治技术研究，从负反馈控制机理出发并依据瓦斯爆炸的产生过程及条件提出了煤矿瓦斯爆炸灾前危机应急响应模式，运用系统辨识建模法建立数学模型，依据现场调研数据并结合数学模型，得出瓦斯超限治理响应过程提升途径，并提出了基于反馈响应的自组织安全管理模式。本书还依据煤与瓦斯突出事故相关理论以及 2013—2024 年贵州省煤与瓦斯突出事故案例,确定了影响事故安全风险的 4 个关键子系统,并基于系统动力学理论来研究各安全风险系统影响因素之间的结构关系,通过 Vensim-PLE 软件构建了煤与瓦斯突出事故安全风险系统模型,同时进行模拟仿真。以上研究对提高贵州省煤矿开采瓦斯灾害事故风险识别能力奠定了一定的基础,也为今后贵州省煤矿开采瓦斯灾害事故的安全管理工作提供了参考和帮助。

在本书撰写过程中,我们通过参加国内各大学术会议得到了广大业内前辈和同仁的指导与帮助,他们对本书的研究思路、内容结构等方面起到了至关重要的作用,在此表示诚挚的谢意;感谢国家矿山安全监察局贵州局执法四处处长乞朝欣、贵州省部分煤矿企事业单位在本书撰写过程中提供的数据支持及其他方面的帮助;感谢其他科研团队成员,包括洪荒曲直、聂德富、唐文艺等,他们在本书的撰写过程中也付出了辛勤的劳动和汗水,在此一并表示感谢。

本书可供从事采矿工程、安全工程等领域的技术人员、科研人员使用,也可作为高等院校相关专业的本科生、硕士研究生、博士研究生等开展相关研究的参考书籍。

由于编者水平有限,书中难免存在错误,恳请广大读者提出宝贵建议。

编　者

2025 年 3 月

目 录

第1章 绪 论

1.1 研究背景

随着我国经济的快速发展和能源需求的不断增长,煤炭作为我国主要的能源之一,在今后的较长一段时期内,仍会占据我国能源的主导地位。作为重要的能源资源,煤炭产业被列为贵州省的"八大支柱产业"和重点发展的"十大产业"之一,对贵州省经济发展意义重大。贵州省为喀斯特造型地貌,煤层赋存条件及煤层开采条件复杂,存在着煤矿瓦斯爆炸、煤与瓦斯突出等瓦斯灾害事故多发的现象。

截至2024年,贵州省在籍煤矿共756处(777处矿井,居全国第二)。国家统计局数据显示,2023年1—12月贵州省煤炭累计产量为13 122.1万t,同比增长12.3%,同比增长量位居全国第一,如图1-1所示。煤炭资源具有分布广泛、储量丰富、煤种齐全、煤质优良等特点,贵州已成为南方主要的煤炭生产和供应基地,是"西电东送"工程的重要枢纽。

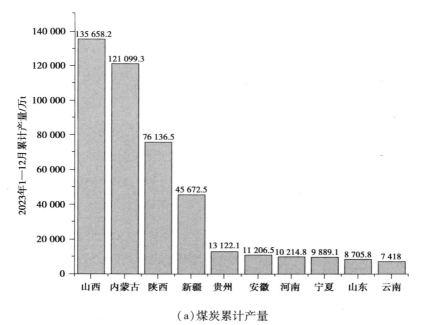

（a）煤炭累计产量

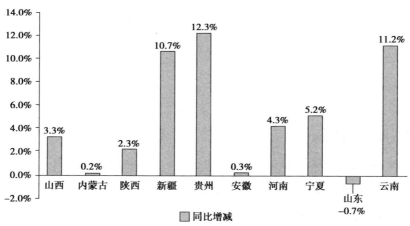

（b）同比增减率

图 1-1　2023 年 1—12 月全国排名前十各省煤炭累计产量及同比增减率

贵州省煤矿瓦斯等级现状图如图 1-2 所示。由图 1-2 可知,全省煤与瓦斯突出矿井数量及生产规模最大,高瓦斯矿井与低瓦斯矿井数量及生产规模居中,未鉴定瓦斯等级矿井数量及生产规模均较少。同时,基于煤矿企业开采煤层深度加大、瓦斯地质条件愈发复杂、预防瓦斯灾害难度加大等原因,预防瓦斯灾害工作面临着新的挑战。虽然贵州省瓦斯防治工作在管理和技术方面取得了较大进步,但瓦斯事故未从根本上被予以消除,依然时常发生。贵州省2015—2023 年发生的可统计瓦斯事故共计 26 起,死亡人数至少 141 人。

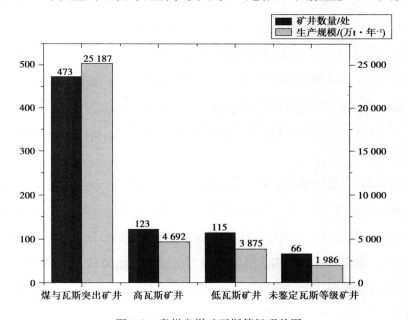

图 1-2 贵州省煤矿瓦斯等级现状图

煤矿开采领域内频繁发生瓦斯灾害事故,其因素是多方面的,主要涉及人员、设备、环境、管理等。长期以来,贵州省煤炭开采技术水平相对较落后,然而落后的技术水平却有较高的生产量,离不开大量煤矿开采工人的辛勤劳动。为了煤矿开采工人的安全,亟须对贵州省煤矿开采瓦斯灾害事故防治技术展开研究,特别是瓦斯灾害事故发生较多的六盘水、毕节等市,以指导贵州省煤矿开采中的瓦斯防治工作。

1.2 研究意义

目前,矿井瓦斯科学已成为一门建制较为齐全的学科,包括但不限于煤的物理力学特性理论、瓦斯地质理论、瓦斯流动理论、煤与瓦斯突出机理与防治技术、瓦斯抽采技术、瓦斯检测监控技术及瓦斯灾害管理技术等学科。单一的瓦斯灾害防治理论研究及相应的配套防治技术已日趋成熟。然而,对于深部矿井复杂环境下的煤矿开采瓦斯灾害预防机制的研究尚处于萌芽阶段,研究较多地集中在复合动力灾害的分类、发生机理、风险辨识和防控手段等方面的定性分析与试验考察。煤层开采瓦斯灾害是煤岩开采过程中能量的突然释放、产生剧烈破坏的灾害,因此对于煤矿开采瓦斯灾害发生机理的定性和定量研究,开展对煤矿开采瓦斯灾害发生过程中能量的突然释放、传递、耗散等规律研究具有重要的意义。

如何科学、有效地预防煤矿开采瓦斯灾害一直是一个重要课题。瓦斯灾害的防治难度主要体现在:第一,没有科学的方法量化风险因素,尤其是在人为因素和管理因素的量化过程中,往往具有很强的主观偏好;第二,人员、设备、环境、管理四大因素对瓦斯灾害风险的作用不是线性相加的,而是多因素的耦合。因此,如何有效识别重要的风险因素及其耦合类型对煤矿开采瓦斯灾害的防治具有重要意义。本书以瓦斯爆炸事故、煤与瓦斯突出事故等为研究对象,从系统的角度出发,分析并确定贵州省煤矿开采瓦斯灾害事故的风险因素,且对其进行量化,以及对贵州省煤矿开采瓦斯灾害事故安全进行风险识别和风险评估,提出贵州省煤矿开采瓦斯灾害事故安全问题的控制策略。本研究具有以下意义:

①确定影响贵州省煤矿开采瓦斯灾害事故安全的主要风险因素,判断出各个影响因素之间相互作用产生的反馈关系,通过数学建模、仿真模拟等手段得到各个风险因素对贵州省煤矿开采瓦斯灾害事故安全的影响程度,为今后贵州

省煤矿开采瓦斯灾害事故的安全控制策略的制定提供指导意义。

②将系统理论首次应用于贵州省煤矿开采瓦斯灾害事故的安全风险管理中,进行风险的识别、建模、仿真以及管理控制,为今后贵州省煤矿开采瓦斯灾害事故安全风险识别、评估和管理奠定了理论基础。

③通过系统理论和方法构建贵州省煤矿瓦斯爆炸灾前危机应急响应数学模型、煤与瓦斯突出事故安全的风险评估流图模型并对模型进行分析研究,揭示了风险影响因素之间的潜在联系,并反映了整个贵州省煤矿开采瓦斯灾害事故风险系统的安全水平。在此基础上,结合相关煤矿开采瓦斯灾害事故防治理论提出相应的控制策略,减少了贵州省煤矿开采瓦斯灾害事故发生的可能性,提高了对贵州省煤矿开采瓦斯灾害事故风险的识别能力,为今后贵州省煤矿开采瓦斯灾害事故的安全管理提供了参考和帮助。

1.3 国内外研究现状

1.3.1 煤矿瓦斯爆炸事故防治研究现状

1675 年,英国 Mostyn 矿发生重大瓦斯爆炸事故,自该次事故发生以来,世界上各采煤大国陆续发生了规模差异较大、灾害影响相异的瓦斯爆炸事故。为了深入了解瓦斯爆炸的根源与规律,国内外学者自 20 世纪中叶起就致力于研究瓦斯爆炸事故防治,研究主要集中于瓦斯爆炸事故的发生机理,为煤矿瓦斯爆炸的事故防治与管理控制机制等提供了坚实的理论依据,在这期间使用的研究方法包括但不限于理论分析、试验研究、数值模拟、案例分析、数理统计、现场考察与实践等。

来自美国的柯瓦尔德等通过爆炸试验测定了混合气体的浓度分布,建立了爆炸三角形理论;勒・查特列尔进一步提出混合气体归一转化法,为煤矿瓦斯爆炸研究开辟了新途径。随着近代色谱分析技术和计算机技术的发展,爆炸三角形的实用化进程通过近代色谱分析技术和计算机技术的发展得到了极大的推动,且其理论研究面临着高要求。来自德国的 Serry 和 Bownan 推导出一套完整的甲烷点火阶段化学反应方程式,精确呈现了瓦斯气体引爆的整个流程。Xie 等采用颗粒流与有限元模拟相结合的方法,分析了工作面开采后采空区的孔隙率和瓦斯浓度分布,通过多单元耦合得到三角形瓦斯爆炸危险区域,然后进行注 CO_2 模拟以消除危险区域。Ma 等采用 CHEMKIN 软件(Version17.0)和 GRI-Mech3.0 反应机理,研究了不同 CO 与 H_2 浓度比对瓦斯爆炸的点火延迟时间、自由基浓度和关键反应步骤的影响。Wu 等提出了一种基于贝叶斯网络和计算流体力学的煤矿瓦斯爆炸定量风险评估方法。Lin 等以 2000—2021 年中国 298 起大规模瓦斯爆炸事故为数据样本,采用数理统计方法,分析了其总体特征、耦合交叉特征以及气体积聚和点火源特征;采用文本挖掘技术和 Apriori 算法对瓦斯爆炸事故的形成机理进行探索,识别出 46 个主要致因因素,得到 59 条强关联规则;此外,基于共现矩阵构建了事故致因网络。Liu 等为分析瓦斯爆炸事故应急联动的影响因素及其因果关系,提出了一种基于分层全息模型和贝叶斯网络的瓦斯爆炸事故应急联动影响因素分析方法。Liu 等为认识矸石持续扰动下的瓦斯爆炸特性,以某煤矿瓦斯爆炸事故为背景,开展了 5 种堵塞长径比(BLR)和 4 种点火位于矸石内部浓度下的瓦斯爆炸实验。Jia 等将文本分类技术与事故致因理论相结合并以煤矿瓦斯爆炸事故为例提出了一种事故原因分析方法。Guo 等考虑到煤矿瓦斯爆炸风险评价指标的不确定性和模糊性,提出了一种基于组合赋权-安全信息损失未确知测度的瓦斯爆炸风险评价模型。Kursunoglu 结合模糊 AHP 和模糊 TOPSIS 方法为动态评估矿井甲烷爆炸事故提供了一个有益框架。Yuxin 等探讨利用事故预防建模框架,结合事故案例数据,构建事故致因网络,针对性地进行了数据挖掘,进而获得了具有更多控制价值的事故预防措施。

2024 年,石元来基于自然语言处理技术和 Bi-LSTM 模型对煤矿隐患信息进行自动分类,提取煤矿隐患因素;围绕瓦斯爆炸风险构建瓦斯安全态势预测模型;基于数据挖掘技术和智能技术建立了精准管控信息系统,实现了大数据的信息分析和应用端的智能信息处理。孙柏伟等基于井下通风的意义以及瓦斯爆炸危害的分析结果,提出通风系统优化和瓦斯爆炸预防等措施,从通风设施合理布置、通风网络稳定和通风效率提高等方面进行了论述。盛武等采用 CIA(Cross Impact Analysis)、ISM(Interpretive Structural Model)和 BN(Bayesian Network)结合的情景建模方法来构建煤矿井下瓦斯爆炸事故风险评价模型;利用 CIA-ISM 组合生成不同影响级别下瓦斯爆炸事故影响因素的因果层次网络将层次网络映射到 BN 模型中,通过概率推理量化复杂依赖关系的层次网络,确定瓦斯爆炸的主要致因和造成的损害。国汉君等通过煤矿安全网等途径搜集统计了 1978—2020 年的 733 起瓦斯爆炸事故报告,最终选取 255 起瓦斯爆炸事故报告进行要素分析与提取;将事故等级、事故经过、事故原因等内容进行整理储存,形成待挖掘文本语料库;基于 Jieba 分词算法提取瓦斯爆炸事故情景关键词并采用 TF-IDF 算法进行权重计算,将情景划分为事故体、致灾体、承灾体、抗灾体 4 个维度和 24 个要素,有力推动了瓦斯爆炸事故的情景表示和事故未来的可能性组合的后续研究。李玉麟基于模糊贝叶斯网络方法,针对矿井火区瓦斯爆炸风险进行了深入研究。首先,通过对煤矿事故调查报告、安全法律法规以及相关学术论文等资料的系统分析和总结,确定了火区环境、直接灭火、密闭、启封、应急准备和救援现场管理 6 方面影响火区瓦斯爆炸的风险因素;其次,将模糊理论和贝叶斯网络方法相结合,构建基于模糊贝叶斯网络的矿井火区瓦斯爆炸风险评价模型,该模型能够有效地处理信息不确定性和模糊性,提高风险评价的准确性和可靠性;最后,选取某煤矿火区瓦斯爆炸事故进行实证研究,风险评价结果与实际情况相吻合,验证了该评价模型的有效性,从而为煤矿火区处理提供重要的技术支持和决策参考。侯玮等在原因辨识环节将瓦斯爆炸事故的原因归纳为人员、设备、环境、管理 4 个方面,对主动屏障进行量化分级并提出预防措施,通过模型分析事故可能产生的安全、经济、环境、社会后果,提出消减措施作为被动屏障,绘制改进 Bow-tie 图,并在此基础上运用层次分析进行评价分析。林志军等围绕专家经验和事故致因理论构建瓦斯爆炸风险拓扑结构模型,同时通过博弈论方法与模糊集理论优化专家和主客观权重以及计算风险因素的先验概率和条件概率;通过贝叶斯推理技术计算瓦斯爆炸发生的概率和风险因素的后验概率分布;通过敏感性分析和关键致因链分析,找出影响瓦斯爆炸关键性风险因素和关键风险路径。李宣东等对 2005—2022 年的 116 起煤矿重特大瓦斯爆炸事故进行了统计及分析;探讨了煤矿瓦斯爆炸事故中不同维度下不安全动作分布特征,讨论了事故出现的原因并提出了针对性措施。余星辰等在煤矿井下重点监测区域安装矿用拾音设备,实时采集设备工作声音信号和环境声音信号;将采集到的声音信号通过小波散射变换得到小波散射系数,构建声音信号的小波散射系数图,通过计算小波散射系数图的图像灰度梯度共生矩阵得到由小梯度优势、大梯度优势、能量、灰度平均、梯度平均、灰度均方差、梯度均方差、相关性、灰度熵、梯度熵、混合熵等构成的十一维特征参数,构成表征该声音信号的特征向量,输入支持向量机(Support Vector Machines, SVM)中训练得到煤矿瓦斯和煤尘爆炸声音识别模型;对待测声音信号同样提取其小波散射系数图的灰度梯度共生矩阵得到十一维特征向量,输入训练好的煤矿瓦斯和煤尘爆炸声音识别模型中进行声音识别分类,并进行验证。邵良杉等提出煤矿瓦斯爆炸事故表征方法,包括事故表征结构模型、表征规范和案例库编码规则;通过专家置信度改进层次分析法的主观影响,提出针对不同类型表征信息的相似度计算方法,引入时间衰退系数修正案例时效性。

朱云飞等利用气体爆炸数值仿真软件建立了不同尺度的掘进巷道模型,研究预混瓦斯体积分数、预混瓦斯长度和巷道空间特征对掘进工作面瓦斯爆炸冲击波超压和火焰传播的影响规律。袁晓芳等通过扎根理论构建了瓦斯爆炸事故风险影响因素模型,运用清晰集定性比较分析方法(csQCA),探讨了瓦斯爆炸事故风险影响因素的组态与路径。郝秦霞等利用中文分词提取煤矿瓦斯爆炸事故致因,以灰色关联分析(GRA)选取模型的输入特征向量;针对概率神经网络(PNN)中平滑因子易引起网络识别率低的问题,提出了 RWPSO-PNN,实现平滑因子的自适应调整;最后对 RWPSO-PNN 进行了实例分析,并与极限学习机算法、BP 神经网络和支持向量机算法进行对比。顾云锋等利用 LS-DYNA 软件模拟了巷道内瓦斯爆炸对人工坝体力学性能的影响,研究了迎爆侧、黄土夹层及背爆侧受力状态、形变和应力特征,分析了巷道内瓦斯爆炸冲击波作用下人工坝体的动力响应过程。张莉聪等分析了国内外研究瓦斯抑爆剂的种类、作用机制和研究方法。况婧雯以 B 煤矿为研究对象,采用基于案例推理技术、人工智能中 BP 神经网络算法、运筹学中思维进化算法等优化算法的基本思想和模型,构建煤矿瓦斯爆炸事故应急预案制定的案例推理模型,实现对 B 煤矿瓦斯爆炸事故的应急预案制定并对其进行预案评价,最后提出了应急预案实施与保障措施。穆璐璐首先对 2015—2021 年我国发生的瓦斯爆炸事故现状进行多维度统计分析,并结合改进的 HFACS 模型,从外部因素、组织影响、不安全监督行为、不安全行为的前提条件、不安全行为 5 个方面归纳瓦斯爆炸事故致因因素,建立事故致因模型;其次,确定人员组织控制能力、监测监控能力、资源保障能力、信息管理能力、指挥决策及协调能力、应急恢复重建能力这 6 个指标为一级指标;依据 33 篇文献,从 6 个一级指标出发,选取出 28 个二级指标并建立瓦斯爆炸事故应急管理能力评价指标体系,运用 DEMATEL 法和直觉模糊集对评价指标体系的重要度进行了排序,选出 10 个影响应急决策的关键性指标,使其更符合实际事故中的应急决策情景;再次,构建基于前景理论和记分函数的瓦斯爆炸模糊多指标应急决策法,计算各评价指标下各应急方案的隶属度和非隶属度,并依据记分函数进行精确化,前景理论确定综合前景值,确定最优应急方案;最后,利用所构建的应急决策法,对 C 煤矿所发生的瓦斯爆炸事故应急方案进行决策。翟富尔发现抑爆剂的浓度和种类是影响不同挥发分煤尘/瓦斯爆炸特征参数的关键因素;发现煤尘/瓦斯复合爆炸压力随着 $NaHCO_3$ 浓度的升高先上升后下降,而随着 $NH_4H_2PO_4$ 浓度的增加逐渐下降。周振兴研究长直管道内 9.5% 浓度瓦斯爆炸和加入 $5g/m^3$ 煤尘的 9.5% 浓度瓦斯爆炸的传播情况,探究加入 1~3 块长方形障碍物和 3 种不同形状障碍物同时存在时的爆炸流场结构、爆炸超压和火焰传播速度的变化情况。朱云飞等应用气体爆炸数值模拟软件建立了真实尺度下的巷道模型,研究巷道长度和截面形状对瓦斯爆炸超压的影响。郭慧敏等通过大量事故案例统计分析,从宏观、中观和微观层次提取 30 个瓦斯爆炸事故致因;运用 DEMATEL 方法定量分析各致因之间相互影响关系,并结合 ISM-MICMAC 方法,通过对事故致因进行多级递阶层次结构划分,探求导致事故发生的原因要素、结果要素、根源要素,以及各要素的属性特征,并提出相应的对策措施。李彦君通过实验研究和理论分析相结合的方式,实现了采空区煤自燃高温条件下瓦斯爆炸全过程的物理模拟,揭示了煤自燃热气环境瓦斯爆炸启动机制,提出了基于多元时空数据的灾情推演和动态预警方法。孙继平等提取了采掘工作面设备运行、瓦斯和煤尘爆炸等不同声音的MFCC 特征值,分析了不同声音的 MFCC 特征值分布情况;提取不同声音的MFCC 声谱图,分析了不同声音的声谱图的特征参数;将待测声音输入建立的识别模型中,完成识别分类。司荣军等从瓦斯煤尘爆炸火焰生成机理、瓦斯煤尘爆炸火焰演化规律、瓦斯煤尘爆炸传播关键表征技术等方面综合论述了近些年国内外对瓦斯煤尘爆炸的动力学特性研究现状及发展趋势。梁建军等客观地分析了事故原因并以"事故致因 24Model"为理论基础,以煤矿重特大瓦斯爆炸事故报告为样本库,构建了事故致因词典库;借助信息抽取技术提出了基于规则模式的事故致因信息抽取算法。杨鹏飞等从安全管理网上爬取相关案例信息,获取煤矿瓦斯积聚和点火源致因因素,再融合人的因素和组织管理因素,初步确定了煤矿瓦斯爆炸高概率险兆事件致因因素;对初步确定的因素进行主轴译码和选择性译码,最终确定煤矿瓦斯爆炸高概率险兆事件致因因素,共包括 4大类、30 个因素;运用偏最小二乘-决策试验和评价试验法计算煤矿瓦斯爆炸高概率险兆事件致因因素中心度与原因度。余星辰等在煤矿井下重点监测区域安装矿用拾音器,实时采集煤矿井下设备工作声音和环境声音等,将采集的声音信号通过提取由梅尔倒谱系数和 Gammatone 滤波器倒谱系数构成的新混合特征 MGCC,提取其前 9 维特征值构成表征声音信号的特征向量,输入支持向量机中训练得到煤矿瓦斯和煤尘爆炸声音识别模型;待测声音样本通过提取其特征向量,输入训练好的煤矿瓦斯和煤尘爆炸声音识别模型中,得到分类识别结果并进行验证。刘会景选取煤矿通风系统管理、煤矿防瓦斯积聚能力、应急救援技术保障、应急救援组织保障、应急救援装备保障、煤矿救援恢复能力等 6 方面共 29 项判别指标构建煤矿瓦斯爆炸应急救援能力评估指标体系;引入未确知测度与博弈论集对理论构建煤矿瓦斯爆炸应急救援能力等级评估与排序模型,采用直线法构造单指标未确知测度函数,基于博弈论组合赋权技术确定指标权重,依据置信度识别准则对评价等级进行判定与排序;将该模型应用于高瓦斯煤矿的应急救援能力的综合评价中。余星辰等在煤矿井下重点监测区域安装矿用拾音器,实时采集煤矿井下设备工作声音及环境音等;通过小波包分解提取声音的小波包能量占比,构成表征声音信号的特征向量;将特征向量输入 BP 神经网络中,训练得到煤矿瓦斯和煤尘爆炸声音识别模型;提取待测声音信号的小波包能量占比,并构成特征向量输入模型中,识别待测声音信号的类型;通过分析煤矿井下声音信号小波包分解结果,确立了采用 Haar 小波函数,选择小波包分解层数为 3。景国勋为研究近几年我国煤矿瓦斯爆炸事故特征,统计分析了 2015—2021 年发生的 63 起瓦斯爆炸事故,运用数理统计法、改进人因分析与分类系统模型、卡方检验和让步比分析法对瓦斯爆炸事故的发生规律和致因因素进行了研究。贾清淞提出自然语言处理技术与煤矿瓦斯爆炸事故原因分析相融合的理论基础;结合煤矿瓦斯爆炸事故原因分析,构建了将自然语言处理技术应用于事故原因分析领域的分类框架、数据基础和算法基础;汇总上述研究结果,开发出以第六版 24Model 为理论指导、基于自然语言处理技术的煤矿瓦斯爆炸事故原因分析工具;应用工具对我国 2000—2020 年发生的 286 起煤矿瓦斯爆炸事故进行事故分析,事故分析结果经人工校验后构建了煤矿瓦斯爆炸事故案例库。景国勋等采用三类危险源理论、事故致因理论、层次分析法、集对分析-可变模糊集耦合方法,选取"人—机—环—管"4 个方面共 20

个指标,建立了煤矿瓦斯爆炸风险评价模型,并通过实例验证该模型的可行性。赖文哲等基于偏序集理论提出瓦斯爆炸风险的博弈论偏序集评价模型;依据分级准则划分风险安全等级,对影响瓦斯爆炸风险因素进行综合分析,最终选取通风设施设备、瓦斯涌出量、风量供需比、安全教育与培训等 14 项指标构成模型的指标集合并进行博弈论优化;运用该模型对 20 个矿井样本进行了风险等级评价。

朱金超系统地研究了瓦斯煤尘的机理及风速对瓦斯煤尘混合爆炸传播特性的影响规律,并提出了爆炸传播的预测方法。孙继平等在重点监测区域设置矿用拾音器,实时采集环境与设备工作声音并使用 CEEMD 对采集到的声音进行分解,对每个分量求样本熵,构成该声音的特征量,输入 SVM 中建立煤矿瓦斯和煤尘爆炸识别模型;通过 CEEMD 对待测声音进行分解提取特征量并输入训练好的模型中进行识别分类,最后通过工程实际进行验证。林松主要研究瓦斯(煤尘)爆后气体的成分及产生机制、瓦斯(煤尘)爆后气体爆炸性及其对瓦斯二次爆炸影响规律和瓦斯(煤尘)二次爆炸反应动力学机理等。郭阿娟对我国 2010—2020 年发生的煤矿瓦斯爆炸事故案例进行统计分析,运用层次全息建模方法从人员、设备、环境、管理 4 个维度提取煤矿瓦斯爆炸风险因素 67 个,运用解释结构方程模型从表层风险因素、中层风险因素以及深层风险因素 3 个层次进行层级划分;基于瓦斯爆炸三角形原理与事故链理论,从“瓦斯积聚”和“产生火源”两个方面提取风险链并分析瓦斯爆炸风险演化过程,构建瓦斯爆炸风险演化模型,并运用 Person 算法界定瓦斯爆炸风险耦合强度概念,采用 SPSS 24.0 对风险耦合强度值进行计算,构建瓦斯爆炸风险耦合演化路径;引入拓扑网络算法,将迭代加权思想与设计结构矩阵相结合,计算风险演化过程中风险的直接和间接传播概率,提出改进风险集成传播方法并在此基础上运用 Gephi 0.9.2 软件构建瓦斯爆炸风险拓扑网络度量模型。左敏昊采用扎根理论对煤矿瓦斯爆炸风险因素进行提取与分类,为后续研究提供基础;界定了风险累积概念与风险演化概念,探究了风险累积原理,依据生态累积效应分析框架提出了风险累积框架,分析得到煤矿瓦斯爆炸风险累积过程的累积源、累积途径、累积方式及累积影响;采用改进的扎根理论依次分析管理风险因素和人员、设备、环境风险因素产生的累积效应,综合分析得到煤矿瓦斯爆炸风险累积效应对风险演化的影响;从风险发展过程与所包含的特殊过程两个角度出发,划分出煤矿瓦斯爆炸风险演化阶段,建立煤矿瓦斯爆炸风险演化模型;结合系统动力学理论,分别建立人员、设备、环境、管理 4 个子系统和瓦斯爆炸风险演化总系统,探究每个系统中瓦斯爆炸风险因素间的关系,绘制煤矿瓦斯爆炸风险因果关系图、流图;结合具体实例分析,依据现有实际资料、现有研究及专家打分确定相关风险参数值,确定系统动力学方程,构建基于累积效应的煤矿瓦斯爆炸风险演化系统动力学模型;运用 Vensim 软件对每个系统的风险演化过程进行仿真,观察煤矿瓦斯爆炸风险演化趋势,得到煤矿瓦斯爆炸风险控制关键点并提出相应风险控制措施。贺涛设计和制备了新型改性高岭土抑爆剂,并结合聚磷酸铵制备了复配抑爆剂,通过 20 L 球型抑爆实验,证实了改性高岭土抑爆剂及复配抑爆剂的优异抑爆性能,结合表征结果以及爆炸后产物探讨了相关的抑爆过程和抑爆机理。吴江杰得出了瓦斯事故发生的宏观规律;结合致灾机理对瓦斯灾害进行特征分析,筛选出了与瓦斯灾害有关的特征属性,构建了煤矿瓦斯灾害事故数据库;通过文献调查和对比分析,确定了用于案例表示、案例检索及权重调优的相关方法;基于 Java 语言和系统开发相关软件,设计实现了基于案例推理的煤矿瓦斯灾害预警系统,并进行了工程实例应用。伍彩琳运用计算机科学、多源数据融合以及其他领域相关理论,应用先进的互联网技术,采用理论分析、模型构建以及系统开发等方式并把这些关键技术整合起来,实现瓦斯爆炸的早防控、早处理、早救急,降低煤矿开采风险,提高安全生产智能化水平,促进安全风控管理和隐患排查双重预防,对煤矿行业安全智能化可持续发展有着重要的意义。徐美玲等基于人为因素、环境条件、生产设施和管理组织 4 个维度构建煤矿瓦斯爆炸风险因素指标体系,利用粒子群优化算法优化 BP 神经网络得到风险因素间的直接关联矩阵,进而使用 DEMATEL 方法计算影响度、被影响度、中心度和原因度,分析得出强驱动型风险因素和驱动型风险因素,并利用熵权法计算各风险因素综合重要度,根据排序结果得到影响煤矿瓦斯爆炸的关键风险因素。陈纪宏采用系统科学的危险源辨识方法对煤矿瓦斯爆炸危险源进行了全面的辨识并建立了瓦斯爆炸风险评价指标体系,通过引入数学方法构建了基于集对分析-区间三角模糊数耦合的瓦斯爆炸风险评价模型,为煤矿事故风险评价提供了一种新的可行性方法。成连华等基于"5W"分析法提取风险因素并结合解释结构模型;引入 Pearson 算法,界定风险耦合强度概念并应用 SPSS 21.0 分析风险耦合;依据风险因素间的时序关系和逻辑顺序,构建风险演化路径。田水承等运用扎根理论进行译码分析,获得 14 个主范畴和 3 个核心范畴,由此构建影响因素指标体系;利用组合赋权法得出各指标权重并进行重要性排序。成连华等基于层次全息建模方法识别出 67 个风险因素,提取出 214 条事故链,构建了瓦斯爆炸风险演化路径;将迭代加权思想与设计结构矩阵相结合,提出改进集成风险传播法并计算风险演化过程中风险的直接和间接传播概率;将风险因素作为网络节点,因素之间的影响关系作为网络边,构建瓦斯爆炸风险拓扑网络度量模型并运用 Gephi 0.9.2 软件分析计算网络拓扑参数,实现风险演化过程中的累积风险可视化。申朝阳等使用"2-4"模型分析近 20 年来的重特大瓦斯爆炸事故致因,分析事故的直接、间接、和根本原因并提出预防措施,为预防此类事故提供依据。王浩等从人员、设备、环境、管理 4 个方面确定瓦斯爆炸事故的评价指标体系并以该体系为基础,构建基于 AHP-属性数学理论瓦斯爆炸危险性评价模型。余明高等通过插层改性的方法制备了 3 种改性高岭土抑爆剂,采用热重分析、扫描电镜和红外光谱分析对样品的热稳定性、表面结构以及官能团变化进行了研究;选用重庆南桐煤样,通过标准筛对煤样进行筛分,通过粒径扫描与扫描电镜观测了煤粉的粒径分布与表面形貌;使用 20 L 球型爆炸系统对抑制剂抑制瓦斯煤尘爆炸的特性进行了研究,探究改性后高岭土对爆炸最大压力、最大压力上升速率及爆炸峰值时间等爆炸特征参数的影响;基于粉体表征结果及抑爆数据对改性高岭土抑制作用下的瓦斯煤尘爆炸的抑爆机理进行了分析。李雷雷等基于爆炸力学和流体力学并结合对矿山救援队的调研,对矿井瓦斯爆炸灾区环境的形成机制进行了研究并针对矿井典型地点的瓦斯爆炸事故,分析了灾区环境的变化规律,探讨了应急救援方法。张勇等基于证据对瓦斯爆炸事故隐患进行了系统辨识,利用逻辑图分析了隐患之间的耦合关系和风险演化路径;从事件发生可能性、事件自身的严重性以及受体的暴露程度 3 个方面对瓦斯爆炸风险进行表征,并提出三维风险矩阵对事故风险进行分级评价。

虽然学者们在煤矿瓦斯爆炸事故防治方面进行了深入的研究,但是在以下方面未得以体现:

①以上研究为煤矿瓦斯爆炸事故防治的深入探索奠定了重要的理论与技术基础,然而其并未考虑到多指标、多信息源融合的瓦斯爆炸灾前危机应急响应机制的相关理论与应用技术。

②以上关于瓦斯爆炸事故灾害防治的研究,其研究节点集中于事故预警、事故前的事故危险等级评价与应急救援预案编制以及事故后的应急救援上;而在煤矿事故灾害,尤其是瓦斯爆炸应对的关键和核心环节,即灾前危机应急响应环节的研究相对较少。

③尽管许多煤矿瓦斯爆炸事故防治新技术、新方法等在煤矿实际生产中得到了较好的应用,但其在煤矿灾前危机应急响应上,尤其是瓦斯爆炸灾前危机应急响应上的应用较少;同时,煤矿安全生产危机管理在实际生产中尚存在靠经验进行的情况,而真正的煤矿安全生产危机管理的深入定量研究并未得到相应的应用。

④关于煤矿瓦斯爆炸事故防治中存在自组织安全管理模式的研究,但该理论并未得到相应的应用。

1.3.2 煤与瓦斯突出事故防治研究现状

1834 年,法国依阿克矿井发生了世界上首例煤与瓦斯突出事故,自此以来全世界已累计发生了 40 000 余起煤与瓦斯突出事故,同时对事故发生机理研究已持续了 2 个世纪。据统计,科学家们已提出了 40 余种煤与瓦斯突出的理论,总体可分为瓦斯主导作用、地应力主导作用、化学本质作用以及综合作用等 4 个假说。

煤体内部存储的高瓦斯对煤与瓦斯突出事故发生起了主要作用,这是瓦斯主导作用假说的核心思想;地应力主导作用假说认为高地应力对煤与瓦斯突出事故发生所起的主要作用高于瓦斯因素;化学本质作用假说认为煤与瓦斯突出事故是由煤体发生变质时出现化学反应以及其产生的高瓦斯与高热引发;综合作用假说充分考虑了地应力、瓦斯压力和煤强度等因素,主要包括"地应力分布不均匀假说""能量假说""分层分离假说""震动假说"等。Baisheng 等研究了震动对瓦斯解吸和煤结构的影响,在震动作用下,气体解吸加快,气体梯度增大且震动会增加和扩大煤体内的裂隙,极大地增加了煤与瓦斯突出的危险性,并通过实例说明了震动诱发煤与瓦斯突出的机理。Zhao 等研究了煤与瓦斯突出流动状态和输送机理。Odintsev 等研究了煤层爆炸致使突出危险性煤带瓦斯动力断裂的形成机理。Tian 等通过测定高压瓦斯吸附等温线和瓦斯扩散初速度,发现随着含水率的增加,Langmuir 吸附常数 a 和瓦斯扩散初速度 ΔP 均减小,会降低突出危险性。通过自主研发的"气体吸附+注水驱替+气体解吸"一体化实验装置,Tian 等研究了不同注水条件下气体驱替量、解吸量、水锁量的变化规律。Qiao 等为了更好地提高含瓦斯煤冲击地压的防治效果,基于深部开采力学理论和冲击载荷作用下含瓦斯煤的损伤演化过程,提出了一些防治原则。Zhang 等通过对地面钻孔、顺层(定向)钻孔、穿层钻孔等多种预抽瓦斯区域防突措施的研究,结合西矿区煤层赋存及开采技术,得出了适合西矿区 3 号煤层特点的可行的区域预抽综合防突模式;该模式以地面钻井先预抽、顺层定向长钻孔、穿层钻孔预抽为基础,为突出井区安全高效生产提供了可靠保障。Li 等采用理论研究、RFPA2D-Flow 数值模拟和现场试验相结合的方法,研究了穿层定向水力压裂裂缝的起裂机理和扩展规律。Chen 等针对近距离煤层群夹层开挖超前探测与防治、低透气性煤层群瓦斯抽采质量与效率提升、煤层群联合抽采溯源与评价等工程难题开展了研究,构建了掘进工作面前方全覆盖的超前探测技术以及超近距离煤层邻近煤层和本煤层的超前预抽技术,制定了实现某煤层群首采煤层跨层定点扩孔增透标准的方法,提出了"煤层群定点控制区段封孔预抽、采动卸压口二次封孔抽采"的分级强化预抽与分段调控抽采组合式工艺。Fan 等发现了一种基于动力系统的煤与瓦斯突出机理,用于定义突出动力学形成和失稳判据的条件,设计了一个耦合弹性-损伤和渗透率演化的应力伤害-渗流耦合模型来表征煤层瓦斯突出,利用该耦合模型的数值解法研究了煤与瓦斯突出的时空演化规律,探讨了突出动力系统和地质体的空间尺度,以及防治对策,表明突出动力系统由含瓦斯煤体、地质动力环境和开采扰动共同组成。Jia 等根据石门揭煤控制措施存在的问题,如揭煤时间长、施工安全性差等,分析了石门揭煤煤与瓦斯突出的主要影响因素,阐述了煤与瓦斯突出发生的过程和现有假说,进而分析了注液冻结防治煤与瓦斯突出的可行性。Wang等鉴于煤与瓦斯突出的持续发生,煤层注水防突的动力学行为和量化机制尚不明确,揭示了不同含水率煤体瓦斯初始解吸(GID)的力学作用和膨胀能释放特征,以明确水分对煤体瓦斯动力效应的影响。Xue 等以煤与瓦斯突出事故为研究对象,考察了主要事故路径,并对事故案例推理进行了应用研究;结合得出的事故原因,对煤与瓦斯突出事故原因进行耦合分析;采用数据挖掘与 Apriori 算法相结合的方法,得到了煤与瓦斯突出事故各致因模块之间的耦合关系,绘制了煤与瓦斯突出事故的路径图;基于事故路径图和各原因发生概率,建立了煤与瓦斯突出事故原因贝叶斯网络模型;以安全概念元为例,利用贝叶斯网络模型对事故原因进行敏感性分析;以贵州省三家煤矿煤与瓦斯突出事故为例,对事故原因进行了概率推理研究。Wu 等提出了水力压裂提高煤层透气性的技术方案,采用瓦斯抽采技术控制煤层瓦斯涌出,利用 3DEC 离散元软件分析了不同水压、不同梯度压裂次数和地应力条件下的压裂效果。Qin 等为了进一步了解火成岩侵入对煤的物理性质和突出危险性(特别是来自地下难以探测的超薄火成岩岩床侵入的影响)的影响,采用岩相学、工业分析、孔隙结构和甲烷吸附/解吸的联合方法进行分析。Yang 等以平顶山煤田十二矿为例,论证了一种同时开采两块板的新型一体化开采系统,即一块板在薄保护层开采,另一块板在被保护层开采。

国内学者对煤与瓦斯突出事故防治也展开了诸多研究,如下所述。

2024 年,李宇杰等为了提高监控预警的准确度,建立完备的防突技术体系,实现矿山智能化和保障安全高效生产,分析了煤与瓦斯突出机理的研究现状,阐述了突出监控与预警的方法及关键技术,总结了局部防突增透措施及新兴技术方法,并提出了研究展望。郭华峰根据工程现场实际情况,通过现场测试、理论分析与数值模拟相结合的方法,系统研究采动影响下断层滑移诱导突出过程中断层滑移规律、断层及相关煤层的应力分布及瓦斯运移动态特征和突出的动态机制,结果表明多因素与煤与瓦斯突出灾害之间的因果关系,并在此基础上对现有防控措施进行优化,从而增强了矿井瓦斯防治能力。范超军等从时间和空间 2 个维度,对 1950—2022 年中国煤与瓦斯突出事故进行统计分析并提出防突措施与建议。程瑜简要阐述了煤与瓦斯突出的主流假说,分析水力化防治技术的作用原理并探讨水力化防治技术研究现状,并提出目前技术存在的问题以及未来发展趋势。焦先军等统计了 1124(3)运顺开采保护层段和预抽煤层瓦斯段煤巷掘进期间残余瓦斯含量、钻屑瓦斯解吸指标 K_1、钻屑量等防突指标,采用假设检验方法推断了各防突指标是否有差别,分析了开采保护层段和预抽煤层瓦斯段各防突指标产生差别的原因,揭示了开采保护层区域防突措施比预抽煤层瓦斯区域防突措施更加安全可靠。

翟成等从我国瓦斯突出灾害严重性、赋存复杂性、治理问题及思考、未来对策 4 个方面开展研究,阐明了我国瓦斯突出灾害的严重性:瓦斯突出治理存在风险大、辨识难、预警难、治理难等问题;揭示了我国瓦斯赋存区域差异大、深部与浅部变化快等复杂成因;针对上述背景,从瓦斯突出治理技术适应性、科学性、系统性、协同性和先进性 5 个方面进行分析,提出了"监测预警—高效增透—智能抽采"的瓦斯突出治理技术未来对策。徐传田通过理论分析、实验室实验和现场实践相结合的研究方法系统研究了地质构造对煤层瓦斯灾害的控制作用；指出淮北矿区的煤与瓦斯突出集中在宿县矿区和临涣矿区，将芦岭煤矿的 8、9 煤层定为强突出危险煤层，其余煤层为一般突出危险煤层；王超杰等构建了采动煤体损伤失稳过程多变应力载荷路径；采用 PFC3D 离散元软件开展了多工况多尺度下煤体损伤失稳可视化模拟，揭示了采动煤体损伤失稳动态响应规律，阐明了采动煤体裂纹动态演变行为，并基于采动下地应力诱使煤体初始破坏规律提出了突出防治技术展望。

　　李普运用构造地质学、瓦斯地质学、岩石力学等理论，采取室内实验、数值模拟和现场测试相结合的手段，分析了滑动构造背景下形成的"三软"煤层断层区煤岩力学特性及变形特征，通过 COMSOL 数值模拟软件阐明了断层区煤层采动应力分布与瓦斯运移规律，揭示了应力、瓦斯压力和动载荷对煤与瓦斯突出的影响机制，据此提出了针对性的突出防治措施。姜笑楠提出了一种应力指数法评价体系对复合动力灾害进行评价，并基于应力指数法的主要指标提出了相应的防治方法；以河南某矿的几起复合动力灾害为研究背景，采用案例调研、理论分析和实验测试相结合的方法，对冲击地压和煤与瓦斯突出复合灾害危险性评价与防治研究进行了探索。于景晓利用佛汝德相似准则，搭建了 14 m 大高差—低密度—非均匀性风流失衡的可移动可调节管道实验测试系统；实验采用管径为 20 mm 橡胶管，分别为进风管、回风管和突出管 3 个分支；使用氦-氧"双气体"代替矿井瓦斯气体，从而营造"低密度"灾变井下环境；气体浓度传感器为氧气传感器，通过氧气的变化来反应管道中氦气的变化，验证了瓦斯自然风压对巷道风流的影响，突出量和突出时间相同的条件下，瓦斯自然风压影响通风系统；而有瓦斯自然风压较无瓦斯自然风压，瓦斯对突出风流作用的时间更长，复杂矿井系统更明显；瓦斯自然风压作用产生压缩波和稀疏波，进回风巷道出现不同的波动规律，波动峰值逐渐减小；煤与瓦斯突出后，突出强度、风流和有毒有害气体等致灾因子在全网域的传播，会对矿井通风系统造成影响。分析致灾因子在复杂网域的动态规律,对快速确定矿井通风系统的应急决策具有重要的作用;TF1M3D 仿真平台可以模拟再现煤与瓦斯突出灾变全过程,确定复杂矿井系统网域中瓦斯突出的灾害效应;基于煤与瓦斯突出灾变网域因素特性,构建空间几何—物理—环境的“三位一体”的有源风网复合网域模型,结合新兴矿“11·21”煤与瓦斯突出事故案例进行事故仿真再现;根据瓦斯运移-弥散(扩散)的灾害演化规律和灾害范围,采用概率统计的量化模型,引入了信息熵理论,定量研究灾变时期通风网域瓦斯积聚危险特征,提出灾变时期巷道瓦斯浓度信息熵计算方法,建立以信息熵为基础的通风网域瓦斯积聚危险性的理论体系;灾变过程数值模拟为矿井智能决策提供依据,建立的瓦斯积聚危险信息熵理论体系为井下应急预案提供动态反馈,指导制定避灾路线;采用蚁群算法确定最短避灾路线,采用瓦斯浓度信息熵对路线进行优化,获得突出灾变时期最优避灾路线。王成龙运用力学分析、数值模拟、实验室测定、勘探钻孔分析等研究方法,系统开展了包括“收敛状”“发散状”和“垂直状”3 种不同形态的脉状火成岩在侵蚀条件下,煤矿开采时的应力分布特征、位移分布特征、火成岩侵蚀对煤层赋存的影响、火成岩的圈闭和热演化作用对瓦斯赋存影响等方面的研究,并基于以上研究提出了脉状火成岩侵蚀下“四位一体”综合防治措施。黄妍对岩浆岩非连续侵蚀环境下的煤与瓦斯突出风险进行预测和评估,对矿井的安全生产有着十分重要作用。葛畅以平煤十三矿己$_{15-17}$-13050 工作面机巷为基础,结合 Auto CAD 建模软件,提出 3 种三维煤层建模方法,建立了 3 个宽度为 20～50 m 的己$_{15-17}$-13050 工作面机巷三维煤层模型;分析了瓦斯治理措施与抽采效果,并结合历年来煤与瓦斯突出事故特征、三维煤层模型、地质构造演化和煤层赋存特征,在现有区域突出危险区域基础上,找出重点突出防治区域并制定加强瓦斯治理措施。王恩元等分析了突出发生机理研究进展及现状,阐述了我国煤与瓦斯突出预测及监测预警手段的关键技术,系统总结了防治煤与瓦斯突出的措施及新兴技术。

虽然学者们在煤与瓦斯突出事故防治方面进行了深入的研究,但是研究未在以下方面得以体现：

①以上研究为煤与瓦斯突出事故防治的深入探索奠定了重要的理论与技术基础，然而并未以贵州省煤与瓦斯突出事故案例为基础并从系统角度出发、对事故风险因素进行量化。

②以上关于煤与瓦斯突出事故防治的研究并未涉及到系统动力学理论，真正将系统动力学理论深入应用于贵州省煤与瓦斯突出事故安全危机管理较少。

③尽管许多煤与瓦斯突出事故防治新技术、新方法等在煤矿实际生产中得到了较好的应用，但基于系统动力学理论和方法构建贵州省煤与瓦斯突出事故安全的风险识别模型和风险评估流图模型，并对模型进行分析研究，揭示风险影响因素之间的潜在联系，反映整个贵州省煤与瓦斯突出事故风险系统的安全水平等的研究较少。

1.4 研究内容、研究目标、研究方法及技术路线

1.4.1 研究内容

1）煤矿瓦斯爆炸事故防治技术研究

本书采用理论分析、数学建模与现场实践考察相结合等方法进行研究，主要研究内容为：

①煤矿瓦斯爆炸灾前危机应急响应模式。建立基于负反馈控制的瓦斯爆炸灾前危机应急响应模式，并分析该模式的重要组成部分在灾前应急响应过程中的功能及其他注意事项。

②瓦斯爆炸灾前危机应急响应数学模型。依据反馈控制理论，以 MATLAB 及 Origin 软件为辅助技术手段分析并建立瓦斯爆炸灾前危机应急响应数学模型，为煤矿瓦斯爆炸灾害防治提供一种全新的工作思路。

③煤矿瓦斯超限治理响应过程。调研分析现阶段煤矿瓦斯超限治理响应过程存在的问题,并提出响应过程如何在及时性、可靠性方面进行提升。

④基于反馈响应的自组织安全管理模式研究。运用自组织理论对基于反馈响应的自组织安全管理模式进行研究,包括模式的构成要素及其关系、模式的形成过程及演化机理等。

2)煤与瓦斯突出事故防治技术研究

在国内外研究基础上,本书基于系统动力学并结合煤与瓦斯突出事故特点,将煤与瓦斯突出事故风险系统分为人员、设备、环境、管理 4 个子系统,进行风险因素的辨识,建立煤与瓦斯突出事故安全风险的指标体系;绘制因果反馈关系图和运用于仿的评估流图模型;最后根据仿真结果以及目前关于煤与瓦斯突出事故防治的研究理论着重提出风险控制策略。具体研究内容如下所述。

①分析整理贵州省煤与瓦斯突出事故安全风险因素:在文献阅读、国内外研究现状、实际调查以及分析贵州省煤与瓦斯突出事故案例的基础上,得出贵州省煤与瓦斯突出事故类型,确定贵州省煤与瓦斯突出事故的具体风险影响因素。

②贵州省煤与瓦斯突出事故安全风险系统动力学识别:在分析整理贵州省煤与瓦斯突出事故安全风险因素的基础上,将煤与瓦斯突出事故风险系统分为人员、设备、环境、管理 4 个子系统。通过 Vensim-PLE 软件构建煤与瓦斯突出事故的风险识别反馈模型,分析其中的因果关系,得出贵州省煤与瓦斯突出事故风险的关键影响因素。

③构建基于系统动力学的贵州省煤与瓦斯突出事故风险评估流图模型:在具有因果关系风险识别反馈模型基础上,绘制流图模型,以熵值法和 G_1 法作为风险因素权重的确定方法,并确定评估模型中各变量初始值和变量之间的影响作用系数。最后模拟计算出贵州省煤与瓦斯突出事故的系统安全水平走势图,各个风险因素对煤与瓦斯突出事故风险的影响程度通过改变单因子变量的方法得出。

④对煤与瓦斯突出事故风险控制策略的提出:利用分析得到的各个风险因素对贵州省煤与瓦斯突出事故风险的影响程度,结合目前关于煤与瓦斯突出事故防治的研究理论着重提出风险控制策略,从而使得贵州省煤与瓦斯突出事故风险得到有效控制,进一步为贵州省煤与瓦斯突出事故防治提供有力的借鉴。

1.4.2　研究目标

1)煤矿瓦斯爆炸事故防治技术研究

①以负反馈响应为基础,分析瓦斯爆炸灾前危机应急响应模式的重要组成部分在灾前应急响应过程中的功能及其他注意事项,并在响应模式的基础上应用反馈控制原理,建立煤矿瓦斯爆炸灾前危机应急响应数学模型;

②依据相关调研结果分析瓦斯超限治理响应过程中存在的问题,并获得如何提高响应及时性、可靠性的研究结论;

③依据所建立的煤矿瓦斯爆炸灾前危机应急响应模式,运用自组织理论建立基于反馈响应的防治瓦斯爆炸灾害的自组织安全管理模式,促使系统尽早进行合理干预,避免瓦斯爆炸灾前异常进一步恶化,演变为灾害事故。

2)煤与瓦斯突出事故防治技术研究

本书结合贵州省煤与瓦斯突出事故特点,对煤与瓦斯突出事故基于系统动力学进行仿真分析研究,为贵州省煤与瓦斯突出事故防治提供有效的技术支撑。主要研究目标如下:

①建立煤与瓦斯突出事故的风险识别反馈模型,得出贵州省煤与瓦斯突出事故风险的关键影响因素。

②构建基于系统动力学的贵州省煤与瓦斯突出事故风险评估流图模型,模拟计算出贵州省煤与瓦斯突出事故的系统安全水平走势图,获取各个风险因素对煤与瓦斯突出事故的影响程度。

③仿真模拟出贵州省煤与瓦斯突出事故防治工作实际的安全水平趋势。

1.4.3 研究方法及技术路线

1)煤矿瓦斯爆炸事故防治技术研究方法

根据研究内容,拟采用理论分析、数学建模、现场实践考察等相结合的综合方法,主要研究方法如下所述。

①理论分析。运用自动控制理论中的反馈控制机理构建煤矿瓦斯爆炸灾前危机应急响应模式,并对基于反馈响应的自组织安全管理模式的构建展开研究。

②数学建模。借鉴拉普拉斯变换等知识,构建煤矿瓦斯爆炸灾前危机应急响应数学模型。

③现场实践考察。本书将通过现场调研收集煤矿瓦斯超限事故资料,分析煤矿瓦斯超限治理响应过程中如何在及时性、可靠性方面进行提高。

2)煤与瓦斯突出事故防治技术研究方法

根据研究内容,拟采用理论分析、数值模拟、现场实践考察等相结合的综合方法,主要研究方法如下:

①理论分析。研究煤与瓦斯突出事故仿真分析的重要性和必要性,详细分析煤与瓦斯突出事故的风险影响因素,确定各因素所属的子系统,划分建模的系统边界,为建立煤与瓦斯突出事故的安全风险系统动力学模型提供基础;统计分析近5—10年贵州省煤与瓦斯突出事故案例,调查其原因并为系统动力学模型的风险识别提供基础;收集和筛选煤与瓦斯突出风险因素并运用熵权法和G_1法确定各风险因素的权重。

②数值模拟。运用 Vensim-PLE 软件编写对应关系方程式,对各风险因素进行初值的设定,仿真模拟出煤与瓦斯突出事故的系统安全水平走势图,采用改变单因子变量的方法模拟出各风险因素的影响程度。

③现场实践考察。根据所建立的系统动力学模型,结合现场具体的煤与瓦斯突出事故防治工作情况,得出煤与瓦斯突出事故防治工作实际的安全水平趋

势并验证是否与防治工作实际的情况相吻合,最后结合目前关于煤与瓦斯突出事故防治的研究理论,着重提出风险控制策略。

3)技术路线

技术路线如图 1-3 所示。

1.5 研究的创新之处

1)煤矿瓦斯爆炸事故防治技术研究

①引入了反馈控制机理,建立了煤矿瓦斯爆炸灾前危机应急响应模式及相应的数学模型,并基于数学模型从定量的角度显现出各种响应状况下的响应效果。同时,本书以灾前危机显现阶段为研究节点,从全新角度进行分析。

②进一步引入了自组织理论,依据所建立的煤矿瓦斯爆炸灾前危机应急响应模式,建立基于反馈响应的防治瓦斯爆炸灾害的自组织安全管理模式,使得煤矿安全管理模式的研究节点由以往的宏观安全管理方面转变为灾前反馈响应方面,即在灾前危机的反馈响应中,煤矿能够及时自我响应,反馈至决策环节,及时采取干预措施,将瓦斯爆炸灾前异常的发展扼杀在摇篮中。

2)煤与瓦斯突出事故防治技术研究

①对贵州省煤与瓦斯突出事故案例本身开展专项研究,揭示影响贵州省煤与瓦斯突出事故的具体风险因素。

②首次将系统动力学原理应用于煤与瓦斯突出事故仿真分析上,通过 Vensim-PLE 仿真软件进行了贵州省煤与瓦斯突出事故安全风险系统动力学识别并构建了事故风险评估流图模型,同时基于以上研究提出了贵州省煤与瓦斯突出事故风险控制策略,进一步为贵州省煤与瓦斯突出事故防治提供了有力的借鉴。

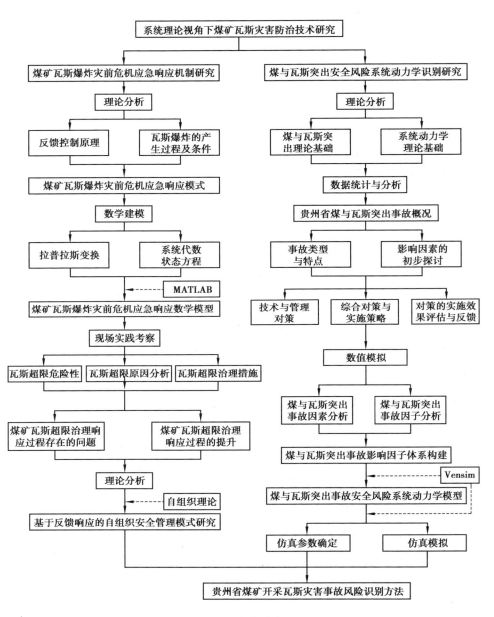

图 1-3　技术路线图

第2章 煤矿瓦斯爆炸灾前危机
应急响应模式研究

瓦斯爆炸事故具有突发性强、危害性大等特征,在生产过程中是极其严重的安全事故。贵州省煤层赋存条件复杂,煤矿数量多为小型矿井,而小型矿井是瓦斯爆炸事故的多发地。在复杂的地质条件和灾害条件下进行开采,需要进一步提升瓦斯爆炸等灾害的防治水平并实施科学管理,尤其对于贵州省,是煤矿安全管理工作的重中之重。然而,许多瓦斯爆炸事故却是因灾前应急响应不及时而导致灾害进一步扩大。

虽然我国工业化水平处于稳步提升的态势,但各种安全生产问题仍频繁出现,因此,提升企业安全生产水平的关键是加强企业的安全生产管理。我国于2016年4月在安全管理方面提出了双重预防机制,该机制为安全风险分级管控与隐患排查治理相结合,即在认清安全生产的特点与规律的基础上,坚持超前防范、关口前移,以风险辨识为切入点,通过风险分级管控将风险控制在隐患出现之前;同时,以隐患排查治理为手段,及时查出风险控制过程中可能出现的漏洞,将隐患扼杀在事故发生之前。双重预防机制的提出为我国煤矿安全管理工作带来了新的思路,但是近年来,煤矿瓦斯爆炸事故仍屡次发生,而事故的应急处置情况与调查报告显现出我国煤矿安全生产及应急响应方面尚未形成系统的理论体系,也暴露出煤矿应急预案缺乏针对性与可操作性等缺陷。因此,针对上述情况,如何实现煤矿瓦斯爆炸灾前危机应急响应可靠、及时,即在瓦斯爆炸灾害发生之前的异常阶段(尤指"瓦斯超限")做到"超前预判、超前防控、超前处置、过程控制"，尽可能规避瓦斯爆炸事故的发生，俨然成为一个值得深思的问题，因此有必要对煤矿瓦斯爆炸灾前危机应急响应机制开展研究。

《矿山事故灾难应急预案》于2006年10月由国家安全生产监督管理总局正式颁布，该预案将应急响应分为7个部分，即信息报告和处理、分级响应程序、指挥和协调、现场紧急处置、救援人员的安全防护、信息发布及应急结束。同时，我国为提高煤矿安全监控系统的准确性、灵敏性、可靠性，国家矿山安全监察局于2016年12月制定了煤矿安全监控系统升级改造技术方案。然而，国家预案对于应急响应的规定都是在矿山事故发生后的应急救援工作规定，而对于事故发生之前如何进行积极干预却没有明确规定；并且，如今煤矿的监控系统虽然能够将各个地点的瓦斯数据及时地传到监控系统中心站（甚至传到县、市、省监督管理机关），但作为灾前危机应急响应机制，对人为因素的影响没有考虑到或无法监控到，而很多事故都是由人为因素造成的。因此，如何构建煤矿瓦斯爆炸灾前危机应急响应模式及基于反馈响应的自组织安全管理模式，让人作为主体及时进行自我响应，争取以最短的时间和多元化的可靠反馈渠道，调动人的自适应性，进而在瓦斯爆炸灾前异常阶段尽早引入人工干预，避免瓦斯爆炸事故发生，成为了瓦斯爆炸灾前应急响应工作的重中之重。

煤矿瓦斯爆炸灾前危机应急响应模式即在井下瓦斯浓度出现异常（尤指"瓦斯超限"）并将异常信号反馈至监控调度机构时，监控调度机构及时做出决策，调动瓦斯治理相关部门等一切力量，尽早引入人工干预，将瓦斯浓度值恢复至规定值以下。反馈控制最基本的特点是信息的交换与反馈，因此，依据反馈控制理论，可以将矿井瓦斯浓度作为被控变量，煤矿主体或某一生产单元作为被控对象，建立煤矿瓦斯爆炸灾前危机应急响应模式。

2.1　响应模式理论基础

2.1.1　反馈控制原理

1）反馈控制理论

反馈控制是指系统的输出通过某个环节又作用（反馈）到原系统的输入过程，即通过测量系统状态或输出情况，从而确定应施加的控制输入过程。反馈信号使给定值输入减弱，即为负反馈控制，如图 2-1（a）所示。反之，则为正反馈控制，如图 2-1（b）所示。反馈控制是最常用的控制手段，可以使系统的性质发生改变，消除扰动对系统的影响，有助于对象抵抗外部干扰及内部因素变化的能力的提高。

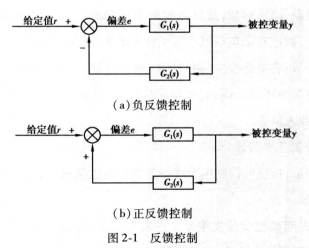

（a）负反馈控制

（b）正反馈控制

图 2-1　反馈控制

采用反馈控制，可以实时了解整个矿井或井下某一生产单元的瓦斯浓度状况，当井下瓦斯浓度出现异常时，通过反馈可以及时获取异常状况并采取措施将瓦斯浓度控制在规定值以下，避免因瓦斯积聚而导致瓦斯爆炸等灾害事故发生。

2）反馈控制基本原理

如图 2-2 所示，反馈控制最基本的特征是信息的输出、交换与反馈，它由决策环节、执行机构、被控对象、反馈环节等组成。

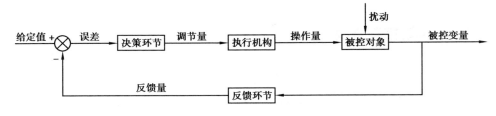

图 2-2　反馈控制基本原理图

①决策环节：指依据被控变量的实测值与给定值相比较产生的偏差情况发出相应的决策指令的环节。例如，监控调度机构的决策等。

②执行机构：即按照来自决策环节的决策指令进行相应执行操作的环节。例如，瓦斯治理相关部门、通风科等。

③被控对象：简称对象，指反馈控制中被控的作业空间的部分或全部。而在煤矿生产中，被控对象包括但不限于整个矿井、采煤工作面、掘进工作面等。

④反馈环节：它是将被控（测）变量（如瓦斯浓度、巷道风速等）以某种形式传送到输入终端的环节。例如，在煤矿生产中，反馈环节包括但不限于瓦斯传感器、井下作业人员等。

3）反馈控制基本参数

①被控变量：指反馈控制中要维持为规定值的物理量，如瓦斯浓度、巷道风速等，用 y 表示。

②扰动：引起被控变量发生变化的外部因素，如邻近层或围岩等瓦斯涌出引起作业空间瓦斯浓度的变化，瓦斯涌出即为扰动，用 f 表示。

③对象的输入和输出：对象的输入和输出并不是物理输入和输出，而是以被控变量为输出，以所有扰动为输入，如图 2-3 所示。实际上，不同的扰动对于被控变量的影响往往是不同的。为了表示这种区别，可将图 2-3（a）表示成图 2-3（b）的形式，它表示，各个扰动通过不同的规律产生各自的影响，总的被控变

量等于所有影响的代数和。

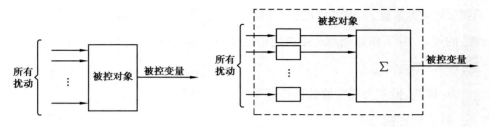

（a）不同扰动对被控变量的相同影响　　　（b）不同扰动对被控变量的不同影响

图 2-3　对象的输入和输出

④调节量：在存在偏差时，必须有某种控制手段，即通过决策环节来改变某一个量，使得被控变量回到期望的值，这个量称为调节量，显然调节量必是扰动中的一个，用 u 表示。实际上，扰动总是存在的，图 2-4（a）画出了调节量以外的另一个扰动 x，图中对象（u）表示在调节量 u 作用下对象的特性，对象（x）表示在扰动 x 作用下对象的特性。如果 x 和 u 对被控变量 y 的影响完全相同，则图 2-4（a）可以简化为图 2-4（b）的形式。由图 2-4 可以看出，调节量处于反馈控制的内部，故称其为内部扰动，而其他扰动（图 2-4 中的 x）处于反馈控制的外部，称为外部扰动。

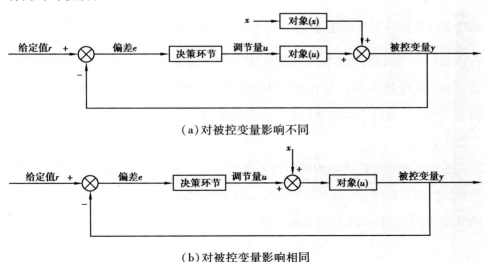

（a）对被控变量影响不同

（b）对被控变量影响相同

图 2-4　反馈控制的方框图

⑤给定值：给定值为被控变量的规定值，用 r 表示。如果希望被控变量维持不变，则 r 为常数，其数值根据生产过程的要求进行设定。如按照《煤矿安全规程》的规定，井下作业地点瓦斯浓度不能超过 1.0%，对于瓦斯浓度这一被控变量，1.0% 即为给定值。

⑥偏差：偏差为规定值和被控变量实际值之间的差值，用 e 表示。

4）反馈控制分类

①按给定值的形式分类。给定值恒定的反馈控制称为定值反馈控制；给定值按预定规律变化的反馈控制称为程序反馈控制；给定值随机变化的反馈控制称为随动反馈控制。

②按系统的复杂程度分类。按系统的复杂程度，反馈控制可分为单回路反馈控制和多回路反馈控制。所谓单回路控制系统，是指控制系统中只有一个闭环，如图 2-4 所示的系统。但在某些情况下，采用单回路系统难以达到要求，这时需要采用多回路或其他复杂的控制系统结构。

③按动态特性分类。如果反馈控制的特性可用线性微分方程来描述，则为线性反馈控制，如 $y(t) = kx(t)$ 或 $\dfrac{\mathrm{d}^2 y(t)}{\mathrm{d}t^2} + \dfrac{\mathrm{d}y(t)}{\mathrm{d}t} + y(t) = kx(t)$；反之，如果其特性需用非线性微分方程描述，则为非线性反馈控制，如 $y^2(t) = kx(t)$ 或 $\left(\dfrac{\mathrm{d}y(t)}{\mathrm{d}t}\right)^2 + y(t) = kx(t)$。而若微分方程的系数为常数，称为定常反馈控制，否则称为时变反馈控制。在控制理论中，线性定常反馈控制被应用最多，也是最主要、最基本的内容。本节以线性定常反馈控制为研究对象，其动态特性可用常系数线性微分方程来表示。

④按系统中被控变量和调节量的数目分类。只有一个被控变量和一个调节量的反馈控制称为单输入、单输出反馈控制；如果有一个以上的被控变量和调节量，则为多输入、多输出反馈控制。

2.1.2　瓦斯爆炸的产生过程及条件

1）瓦斯爆炸的产生过程

当一定浓度的甲烷与空气中的氧气混合时,若存在某一高温热源,甲烷与氧气将会发生剧烈的氧化反应,发生反应的过程即为瓦斯爆炸。瓦斯爆炸的最终化学方程式为:

$$CH_4 + 2O_2 =\!\!=\!\!= CO_2 + 2H_2O$$

假如井下出现氧气缺乏,则反应的最终化学方程式如下:

$$CH_4 + O_2 =\!\!=\!\!= CO + H_2 + H_2O$$

瓦斯爆炸过程实际为热-链反应过程(也称连锁反应)。反应分子的链在爆炸混合物吸取能量后即行断裂成两个或两个以上的自由基。而这类自由基又为反应持续进行的活化中心,每一个自由基在适当的情况下又会进一步分解为两个或两个以上的自由基。化学反应速度将随着自由基增加而变快,直到出现燃烧或爆炸式的氧化反应,如图 2-5 所示。

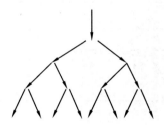

图 2-5　热-链反应过程中自由基的发展过程

2）瓦斯爆炸的充分必要条件

当同时具备以下 3 个条件并且以下 3 个条件相互作用时,瓦斯爆炸即可发生:

①常态下,瓦斯爆炸浓度下限值为 5% ~ 6%,上限值为 14% ~ 16%。当瓦斯浓度值为 9.5% 时,化学反应最完全,爆炸威力最大。另外,瓦斯爆炸在瓦斯浓度为 7% ~ 8% 时最容易发生,而这一浓度又被称为最优爆炸浓度。

②引爆火源能量高于最小点燃能量（0.28 mJ）且温度高于最低点燃温度（595 ℃），同时其存在时间高于瓦斯爆炸感应期。

③空气中氧气浓度高于失爆氧浓度（CO_2 惰化下，氧浓度高于 12%；N_2 惰化下，氧浓度高于 9%）。

一般情况下，氧气浓度会高于失爆氧浓度，只要瓦斯浓度与引爆火源两者同时存在就会导致瓦斯爆炸事故发生；而若瓦斯浓度低于爆炸浓度下限值仅在火焰外围形成燃烧层。本研究的侧重点在于当井下瓦斯浓度出现异常（尤指瓦斯超限）时，怎样及时地进行灾前危机应急响应行为避免瓦斯浓度达到爆炸浓度，进而防止瓦斯爆炸事故发生。

2.1.3　安全流变-突变论

安全与危险在事物发展过程中的矛盾的运动过程即为安全流变-突变。而这一矛盾随时间的运动决定了各个安全阶段的安全状态，如图 2-6 所示。

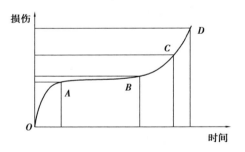

图 2-6　安全流变-突变图

根据安全流变-突变论，OA 段为瓦斯与氧气开始接触氧化阶段，瓦斯在初始阶段氧化速度比较快，但随着热量放出与瓦斯氧化产物的生成，氧气被大量消耗，同时由于产物对瓦斯的氧化有一定的阻碍作用，因此氧化速度下降，但氧化作用仍在进行。瓦斯的反应产热量与散热量大致相同，过 A 点后氧化速度几乎恒定，而热量稍有积累，使温度上升。当温度升至 B 点时，瓦斯的氧化速度又突然加快，随着热量的增多及温度的上升，瓦斯氧化速度加快幅度更大，一旦升至

D 点就形成瓦斯爆炸灾害。其中，B 点是防止灾害形成的关键点，可对应呈现瓦斯爆炸危险性的参数，如瓦斯浓度、火源能量等。C 点为报警点，BC 段为处置爆炸措施阶段，或许时间较短，但该段是处置爆炸的关键阶段，在处置恰当的情况下，瓦斯氧化速度或许出现下降而氧化程度不变，不能进一步形成瓦斯爆炸。

　　煤矿瓦斯爆炸灾前危机应急响应机制的实质即在爆炸事故的异常阶段能够及时反馈井下作业空间瓦斯浓度的异常情况，及时采取干预措施，将瓦斯浓度值控制在正常水平，进而遏制瓦斯爆炸事故的发生。

2.2　瓦斯爆炸灾前危机应急响应模式

　　反馈控制系统很多都是基于系统输出的交换与反馈过程，可以借助这一特性来认识、分析与控制系统。因此，从负反馈控制机理出发并根据瓦斯爆炸的产生过程及条件，在煤矿瓦斯爆炸灾前危机应急响应机制中，将矿井瓦斯浓度作为被控变量，煤矿主体或某一生产单元作为被控对象。明确被控变量与被控对象后，首先应基于负反馈响应建立瓦斯爆炸灾害灾前危机应急响应模式，其次分析模式中的各个环节及基本措施，最后明确从哪些方面可以实现最短时间的响应。煤矿瓦斯爆炸灾前危机应急响应模式以框图形式表示，如图 2-7 所示。

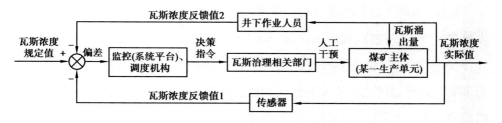

图 2-7　煤矿瓦斯爆炸灾前危机应急响应模式

1) 传感器

具有将外界非电量信息转换为电信号输出这一功能的器件或装置称为传感器。瓦斯传感器是煤矿安全监测系统的重要组成部分,用于连续实时监测煤矿井巷、采掘工作面等处的瓦斯浓度,具有性能稳定、使用简捷、标校可靠性高等特点,在井下瓦斯浓度超限时会自动进行声光报警,提醒井下作业人员立即停电撤人,同时将报警信号传送至监控调度系统。基于瓦斯传感器能够对矿井瓦斯浓度等相关参数的有效检测、反馈及超限报警,其在煤矿瓦斯爆炸灾前危机应急响应中是应急响应的重要反馈主体。因此,煤矿企业应重视传感器的维护、管理及改进。

2) 井下作业人员

当井下作业人员(尤指瓦检员)也是煤矿瓦斯爆炸灾前危机应急响应机制中的反馈主体,当井下瓦斯浓度出现异常时,相关作业人员务必及时准确地将情况汇报至矿井监控系统平台,以便于监控平台及时有效地采取决策并使瓦斯治理相关部门迅速实施人工干预,将瓦斯爆炸灾害扼杀在萌芽状态。同时,煤矿企业应将瓦斯检查工作管理到位并实施科学有效的监督,如利用煤矿瓦斯巡检管理系统等,避免空班、漏检或未按规定时间进行检测等现象出现。

3) 监控(系统平台)、调度机构

监控(系统平台)、调度机构在接收到井下作业人员或传感器反馈的瓦斯浓度异常时,应及时进行相应的决策,即及时下令井下停电、撤人并汇报煤矿领导,同时通知有关部门调动一切力量,积极进行处理,避免异常情况进一步恶化为事故。同时,将监控(系统平台)、调度机构作为瓦斯爆炸灾前危机应急响应机制的决策、控制环节,"监控(系统平台)、调度机构"应注意:

①对矿井采掘动态务必及时掌握并对煤矿安全监控系统的各种信息数据及参数进行不间断地浏览与分析。

②对系统运行状态需全面记录,时刻保持认真接听井下电话的状态,并及时准确地答复所有问题。

③能够及时发现并查明各类传感器故障或安全隐患,设备故障时需将其移至地面处理。

④当班全矿安全生产协调、调度工作时务必认真对待,相关情况需及时向领导汇报。

⑤认真整理当班时,安全生产的所有数据并认真填写各类台账报表。

⑥履行交接班制度,认真填写交接班记录,包括当班时存在的问题等。

4)瓦斯治理相关部门

瓦斯治理相关部门是煤矿瓦斯爆炸灾前危机应急响应机制中的最后一道防线,当矿井出现瓦斯爆炸灾前异常以及监控(系统平台)、调度机构发出应急响应指令时,瓦斯治理相关部门应及时采取相关安全措施,实施人工干预,阻断灾前异常进一步发展,使矿井瓦斯浓度恢复为正常水平。对瓦斯超限地段的治理措施主要有:

①先进行停电、撤人。

②可通过光干涉瓦检仪及其他瓦斯测量仪器检测该地段瓦斯的涌出情况,辨别是否为传感器故障引发的超限。

③若为传感器故障误报的瓦斯超限,应及时通知相关部门进行维护管理;若为真正的瓦斯超限,瓦斯治理部门务必及时采取加大超限地段瓦斯抽放管路流量及通风风量等治理措施。

④应对从发生瓦斯超限到采取相关措施使得瓦斯浓度恢复正常的有关过程进行记录存档并及时完善等。

另外,由于"最后一道防线"很重要,瓦斯治理相关部门应重视煤矿瓦斯治理管理制度的完善、注重井下作业人员的培养等。

2.3　本章小结

①本章阐述了反馈控制基本原理、反馈控制基本参数、瓦斯爆炸的产生过

程及条件、安全流变-突变等理论,基于上述理论进行了瓦斯爆炸灾害的负反馈控制机理分析,提出了煤矿瓦斯爆炸灾前危机应急响应模式。

②具体分析了应急响应模式中"传感器""井下作业人员""监控(系统平台)、调度机构""瓦斯治理相关部门"4 个重要组成部分在灾前应急响应过程中的功能及其他注意事项。

第 3 章 煤矿瓦斯爆炸灾前危机应急响应数学模型研究

为了更好地说明煤矿瓦斯爆炸灾前危机应急响应工作机制,即如何实施人工干预才会出现理想的响应效果,本章基于"拉普拉斯变换""系统代数状态方程"等理论建立煤矿瓦斯爆炸灾前危机应急响应数学模型并对模型进行参数分析。

3.1 数学模型理论基础

3.1.1 拉普拉斯变换

拉普拉斯变换简称拉氏变换,是一种积分变换,通过它微分方程可被转换为代数方程,从而简化了常系数微分方程的求解。

1)拉氏变换定义

如果有一个以时间 t 为自变量的函数 $f(t)$,它的定义域为 $t>0$,那么拉氏变换就如下所述。

$$L[f(t)] = F(s) = \int_0^\infty f(t)\mathrm{e}^{-st}\mathrm{d}t \tag{3-1}$$

式中,$L[\bullet]$ 表示对 $[\bullet]$ 中的函数求拉氏变换,变换结果为 s 的函数,记为 $F(s)$。$F(s)$ 称为象函数,$f(t)$ 称为原函数。s 为复变量,$s = \sigma+\mathrm{j}\omega$,$\sigma$,$\omega$ 均为实数。

已知 $f(t)$ 的拉氏变换 $F(s)$，求 $f(t)$，称为拉氏反变换，通常用 $L^{-1}[\bullet]$ 表示，拉氏反变换的计算式如下：

$$f(t) = L^{-1}[F(s)] = \frac{1}{2\pi j}\int_{\sigma-j\infty}^{\sigma+j\infty} F(s)e^{st}ds \tag{3-2}$$

由以上定义可知：

①$f(t)(t\geqslant 0)$ 和 $F(s)$ 一一对应。

②并不是所有的原函数 $f(t)$ 都存在拉氏变换 $F(s)$，$F(s)$ 存在的充分条件是：

第一，当 $t<0$ 时，$f(t)=0$；第二，在 $t\geqslant 0$ 的任一有限区间内，$f(t)$ 是分段连续的；第三，$\int_0^\infty f(t)e^{-st}dt < \infty$。

2）拉氏变换的性质

①线性定理。

若 $L[f_1(t)]=F_1(s)$，$L[f_2(t)]=F_2(s)$，a,b 为常数，则：

$$L[af_1(t)+bf_2(t)] = aF_1(s)+bF_2(s) \tag{3-3}$$

②微分定理。

若 $L[f(t)]=F(s)$，且 $L\left[\dfrac{df(t)}{dt}\right]$ 存在，则：

$$L\left[\frac{df(t)}{dt}\right] = sF(s)-f(0) \tag{3-4}$$

式中，$f(0)$ 为 $f(t)$ 在 $t=0$ 时的值。

同样，对于高阶微分 $f^{(n)}(t)=\dfrac{d^n f(t)}{dt^n}$，若其拉氏变换存在，则：

$$L[f^{(n)}(t)] = s^n F(s)-\sum_{i=0}^{n-1} s^{n-1-i}f^{(i)}(0) \tag{3-5}$$

当初始条件为零[即 $f(t)$ 及其各阶导数在 $t=0$ 时均为 0]时，则：

$$L\left[\frac{d^n f(t)}{dt^n}\right] = s^n F(s) \tag{3-6}$$

③积分定理。

原函数 $f(t)$ 积分的拉氏变换为

$$L\left[\int f(t)\,\mathrm{d}t\right] = \frac{\int f(t)\,\mathrm{d}t\,|_{t=0}}{S} + \frac{F(s)}{S} \tag{3-7}$$

当初始值为零时：

$$L\left[\int f(t)\,\mathrm{d}t\right] = \frac{F(s)}{S} \tag{3-8}$$

3）常用函数的拉氏变换

为了工程应用方便，常基于 $f(t)$ 与 $F(s)$ 一一对应的原则将 $f(t)$ 与 $F(s)$ 的对应关系编成表格，即拉氏变换表。以下仅列举出本章所涉及的原函数的拉氏变换：

①阶跃函数 $u(t) = \begin{cases} n, t \geq 0 \\ 0, t < 0 \end{cases}$ 的拉氏变换为

$$L[u(t)] = \int_0^\infty n \cdot \mathrm{e}^{-st}\,\mathrm{d}t = \frac{n}{s} \tag{3-9}$$

②函数 $f(t) = \dfrac{\omega_n}{\sqrt{1-\xi^2}}\,\mathrm{e}^{-\xi\omega_n t}\sin(\omega_n\sqrt{1-\xi^2}\,t)$ 的拉氏变换为

$$F(s) = \frac{\omega_n^2}{s^2 + 2\xi\omega_n s + \omega_n^2} \tag{3-10}$$

③函数 $f(t) = 1 - \dfrac{1}{\sqrt{1-\xi^2}}\,\mathrm{e}^{-\xi\omega_n t}\sin(\omega_n\sqrt{1-\xi^2}\,t + \varphi)$ 的拉氏变换为

$$F(s) = \frac{\omega_n^2}{s(s^2 + 2\xi\omega_n s + \omega_n^2)} \tag{3-11}$$

其中，$\varphi = \arctan\dfrac{\sqrt{1-\xi^2}}{\xi}$。

3.1.2　系统的过渡响应

1）系统的静态特性与动态特性

所谓静态，即在输入恒定且系统建立平衡时，组成系统的各环节将暂时不动作并且其输出均处于相对静止状态。静态并非系统内不存在任何物料与能量的流动，而是各参数变化率为0，静态时输出与输入的关系即为系统的静态特性。当系统出现干扰即改变输入时，系统平衡将被打破，同时被控变量将发生变化，系统各环节就会动作，从而进行控制以克服干扰并使系统恢复平衡。从输入经控制再到建立静态，此过程中系统各环节与参数都是变化的，这种状态即为动态。输入的变化与输出的变化关系即为系统的动态特性。

在所有反馈控制中，线性定常反馈控制的研究最为成熟，本章仅以线性定常反馈控制为研究对象，它可用如下常系数线性微分方程来表示：

$$a_n \frac{\mathrm{d}^n y}{\mathrm{d}t^n} + a_{n-1} \frac{\mathrm{d}^{n-1} y}{\mathrm{d}t^{n-1}} + \cdots + a_1 \frac{\mathrm{d}y}{\mathrm{d}t} + a_0 y = b_m \frac{\mathrm{d}^m x}{\mathrm{d}t^m} + b_{m-1} \frac{\mathrm{d}^{m-1} x}{\mathrm{d}t^{m-1}} + \cdots + b_1 \frac{\mathrm{d}x}{\mathrm{d}t} + b_0 x$$

$$(3-12)$$

对于实际反馈控制，有 $n \geq m$，n 为系统的阶次。

在零初始条件下，系统（或环节）的输出与输入的拉氏变换之比即为系统的传递函数。基于零初始条件，对式（3-12）取拉氏变换得：

$$a_n s^n Y(s) + a_{n-1} s^{n-1} Y(s) + \cdots + a_1 s Y(s) + a_0 Y(s)$$
$$= b_m s^m X(s) + b_{m-1} s^{m-1} X(s) + \cdots + b_1 s X(s) + b_0 X(s)$$

$$(3-13)$$

因此系统的传递函数 $G(s)$ 为：

$$G(s) = \frac{Y(s)}{X(s)} = \frac{b_m s^m + b_{m-1} s^{m-1} + \cdots + b_1 s + b_0}{a_n s^n + a_{n-1} s^{n-1} + \cdots + a_1 s + a_0} = \frac{B(s)}{A(s)} \qquad (3-14)$$

2）系统的过渡响应

反馈控制中，输入的变化会引起被控变量的持续变化，而被控变量最终也会稳定下来。被控变量随时间持续变化的过程即为系统的过渡响应，也就是系统由原平衡态向新平衡态的过渡过程。在煤矿生产过程中,当井下邻近层、围岩等出现瓦斯异常涌出时,井下瓦斯浓度将会发生振荡变化,最终恢复至正常水平,而这一过程便为煤矿生产系统的过渡响应。

对于任何稳定的系统(所有正常工作的反馈系统均为稳定系统),要分析其品质特性,常以阶跃作用输入时的被控变量的过渡响应为例。阶跃作用即一种突然地从一个数值变化到另一个数值且一经变化便持续下去的作用,如图 3-1 所示。而这类作用对系统而言较为严重,假如系统对这类作用有较好的过渡响应,则对其他作用就更能适应。在煤矿生产过程中,瓦斯涌出现象不可避免,而如果瓦斯突然异常涌出,煤矿生产系统能够较好地进行响应,使瓦斯浓度尽快地稳定在正常水平,那么系统对于瓦斯的正常、平缓涌出就更能适应。

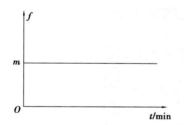

图 3-1　阶跃作用

对于线性定常反馈控制,被控变量的过渡响应有 4 种形式,如图 3-2 所示,图[3-2(a)]为发散振荡过程,被控变量的变化幅度越来越大,此过程不稳定,是反馈控制中必须避免的。图[3-2(b)]为等幅振荡过程,在反馈控制中也为不稳定和不允许的。图[3-2(c)]为衰减振荡过程,被控变量经过振荡后,能较快地趋于新的稳定态,因此是比较理想的过渡响应过程。图[3-2(d)]为单调过程,这种过渡响应时间较长,也不太理想。综上所述,当煤矿井下出现瓦斯涌出时,瓦斯浓度的变化情况应像图[3-2(c)]那样衰减振荡,即尽快稳定至正常水平。

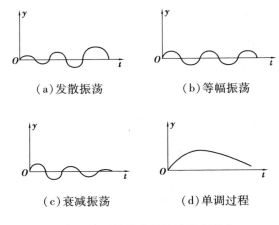

（a）发散振荡　　　　　　　（b）等幅振荡

（c）衰减振荡　　　　　　　（d）单调过程

图 3-2　过渡响应的几种基本形式

3.1.3　典型环节的动态特性

常见的典型环节及其动态特性如下所述。

①比例环节（输出量与输入量成比例，也称放大环节或无惯性环节）。

代数方程为：

$$y = Kx \tag{3-15}$$

式中　y——输出量；

　　　x——输入量；

　　　K——比例系数。

传递函数为：

$$G(s) = \frac{Y(s)}{X(s)} = K \tag{3-16}$$

②一阶惯性环节（输入量的作用不立即在输出端全部表现出来，具有惯性，也称单容环节或一阶非周期环节）。

一阶微分方程为：

$$T\frac{\mathrm{d}y}{\mathrm{d}t} + y = Kx \tag{3-17}$$

式中　K——比例系数；

　　　T——时间常数。

传递函数为：

$$G(s) = \frac{Y(s)}{X(s)} = \frac{K}{Ts + 1} \tag{3-18}$$

③纯滞后环节或纯延迟环节(输出量总是隔一定时间后才复现输入量)。

描述方程为：

$$y(t) = x(t - \tau) \tag{3-19}$$

式中　$y(t)$——输出量；

　　　$x(t)$——输入量；

　　　τ——纯滞后时间。

传递函数为：

$$G(s) = \frac{Y(s)}{X(s)} = e^{-\tau s} \tag{3-20}$$

3.1.4　系统代数状态方程

1)状态与状态变量

所谓系统的状态,即需知道关于系统在 $t = t_0$ 时刻的一组最少的信息,以便于了解系统在 t_0 及 t_0 后任意时刻的运动情况,而这些随时间而变化的信息即为系统的状态变量。设一个系统有 n 个状态变量,分别记为 $x_1(t), x_2(t), \cdots, x_n(t)$,其中 $t \geqslant t_0, t_0$ 为初始时刻,用它们构成列向量：

$$\boldsymbol{x}(t) = \begin{bmatrix} x_1(t) \\ x_2(t) \\ \vdots \\ x_n(t) \end{bmatrix}, t \geqslant t_0 \tag{3-21}$$

$\boldsymbol{x}(t)$ 称为系统的状态变量。

2）系统代数状态方程

对于一个多输入、多输出系统，如图 3-3 所示，设 $u_1(t), u_2(t), \cdots, u_r(t)$ 为系统的 r 个输入，$y_1(t), y_2(t), \cdots, y_m(t)$ 为系统的 m 个输出，表示成向量形式：

$$\boldsymbol{u}(\boldsymbol{t}) = \begin{bmatrix} u_1(t) \\ u_2(t) \\ \vdots \\ u_r(t) \end{bmatrix}, \boldsymbol{y}(\boldsymbol{t}) = \begin{bmatrix} y_1(t) \\ y_2(t) \\ \vdots \\ y_m(t) \end{bmatrix} \tag{3-22}$$

式中，$\boldsymbol{u}(\boldsymbol{t}), \boldsymbol{y}(\boldsymbol{t})$ 分别为 r 维输入向量与 m 维输出向量。

图 3-3　多输入、多输出系统

通过建立状态空间结构描述，得到如图 3-4 所示的系统，图中状态变量 $x_1(t), x_2(t), \cdots, x_n(t)$ 构成状态列向量 $\boldsymbol{x}$，它是 n 维的。

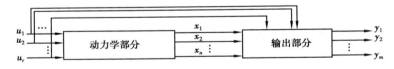

图 3-4　系统的结构图

由图 3-3 与图 3-4 可知，状态空间方法更适合描述系统动态过程，该方法将系统动态过程的描述分为两部分：描述输入的变化引起系统状态变化的方程叫状态方程，描述状态和输入的变化引起输出变化的方程叫输出方程。

状态方程用于描述运动过程，故为一组微分方程。一般而言，它为一个一阶非线性时变微分方程组：

$$\begin{cases} \dot{x}_1 = f_1(x_1, x_2 \cdots, x_n; u_1, u_2, \cdots, u_r; t), \\ \vdots \\ \dot{x}_n = f_n(x_1, x_2 \cdots, x_n; u_1, u_2, \cdots, u_r; t), \end{cases} \quad t \geqslant 0 \tag{3-23}$$

式中，$\dot{x}$ 表示 x 对时间的一阶导数，将上式写成向量形式，即：

$$\dot{x} = f(x, u, t), \quad t \geqslant t_0 \tag{3-24}$$

式中，$\dot{x}$ 表示向量 x 对时间 t 的导数，$f(x, u, t) = \begin{bmatrix} f_1(x, u, t) \\ \vdots \\ f_n(x, u, t) \end{bmatrix}$，$x$ 和 u 分别如式

（3-21）和式（3-22）所示。

输出方程描述的是变量间的转换过程，因此是一组代数方程，一般而言为一个代数方程组：

$$\begin{cases} y_1 = g_1(x_1, x_2, \cdots, x_n; u_1, u_2, \cdots, u_r; t) \\ \qquad\qquad \vdots \\ y_m = g_m(x_1, x_2, \cdots, x_n; u_1, u_2, \cdots, u_r; t) \end{cases} \tag{3-25}$$

表示成向量形式，为：

$$y = g(x, u, t) = \begin{bmatrix} g_1(x, u, t) \\ \vdots \\ g_m(x, u, t) \end{bmatrix} \tag{3-26}$$

状态方程与输出方程一并构成了系统的状态空间描述，即为系统的代数状态方程。对于线性系统而言，向量函数 $f(x, u, t)$ 和 $g(x, u, t)$ 都是线性函数，故线性系统的代数状态方程为：

$$\begin{cases} \dot{x} = Ax + Bu \\ y = Cx + Du \end{cases}, t \geqslant t_0 \tag{3-27}$$

式中，向量 x, y, u 分别如式（3-21）和式（3-22）所示，系数矩阵 A, B, C, D 分别为 $n \times n$ 维、$n \times r$ 维、$m \times n$ 维、$m \times r$ 维。另外，对于线性定常系统，系数矩阵 A, B, C, D 都是常数，此时一般取初始时刻 $t_0 = 0$，且大多数情况下，系统的输出不受输入的直接作用，即 $D = 0$。

3.2 瓦斯爆炸灾前危机应急响应数学模型研究

3.2.1 数学模型构建方法

任何系统的分析及控制设计的关键是数学模型,数学模型不只要求需深入了解煤矿瓦斯爆炸自身的发生机理和现场实际,同时要求其表达方式为最简单的数学形式。系统建模方法分为机理建模法与系统辨识建模法。

①机理建模法。机理建模法即为依据研究系统内部的科学规律来建立模型的方法,是最广泛、最简单的方法。

②系统辨识建模法。系统辨识建模方法主要以系统输入与输出的运行数据或利用来自人为设计的实验的数据为基础,是一种针对尚未掌握或不完全掌握系统内部规律的试验分析方法。

因此,针对煤矿瓦斯爆炸灾前危机应急响应机制,应选取系统辨识建模法建立应急响应数学模型,主要理由为:

①瓦斯爆炸、煤与瓦斯突出等灾害的发生、危害因素辨识、灾害的防治等规律错综繁杂,人们尚未掌握或不完全掌握系统的内部规律;

②对于一个较大的煤矿企业系统,可利用人工检测或实验获得与瓦斯灾害相关的信息输入输出,结果容易得出且较为直观。

3.2.2 应急响应数学模型

所谓数学模型,是指描述系统变量间相互关系的动态性能的运动方程,即基于系统及要素变量间的物化规律列写对应的数学表达式并建立模型。本小节将依据反馈控制机理及系统状态方程等理论建立煤矿瓦斯爆炸灾前危机应急响应数学模型,建模主要步骤如下:

①以图 2-7 为基础,依据反馈控制机理及相关知识,建立如图 3-5 所示的系统总结构框图,框图中各符号的含义见表 3-1。

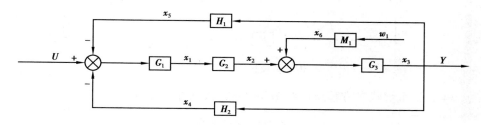

图 3-5　煤矿瓦斯爆炸灾前危机应急响应数学模型总结构框图

表 3-1　结构框图中的符号及含义

符号	含义	符号	含义
U	瓦斯浓度规定值	M_1	瓦斯涌出情况
Y	瓦斯浓度实际值	x_1	控制量
G_1	监控(系统平台)、调度机构	x_2	人工干预
G_2	瓦斯治理相关部门	x_3	瓦斯浓度实际值
G_3	煤矿主体(某一生产单元)	x_4	瓦斯浓度反馈值1
H_1	井下作业人员	x_5	瓦斯浓度反馈值2
H_2	传感器	x_6	瓦斯涌出量
w_1	瓦斯涌出因素		

②以框图箭头流向为指示,依次将结构框图中各方块的输出量标记为 x_1, x_2, $\cdots$, x_6,即为状态变量,如图 3-5 所示。

③对系统总结构框图进行分解,建立如图 3-6、图 3-7 所示的分结构框图。

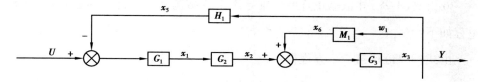

图 3-6　井下人员反馈响应机制分结构框图

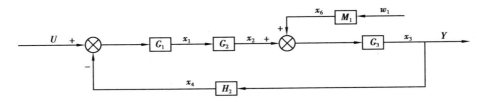

图 3-7   传感器反馈响应机制分结构框图

④基于系统状态方程理论对图 3-6 列出状态方程,即:

$$\begin{cases} x = Ax + bU + fw_1 \\ Y = cx + DU + gw_1 \end{cases} \tag{3-28}$$

⑤依据图 3-6,正确填写式(3-28)中矩阵 A, b, f, c, D, g 的各元素,将系统结构框图的状态方程具体化,如下所述。

$$\begin{cases} \begin{pmatrix} x_1 \\ x_2 \\ x_3 \\ x_5 \\ x_6 \end{pmatrix} = \begin{pmatrix} 0 & 0 & 0 & -G_1 & 0 \\ G_2 & 0 & 0 & 0 & 0 \\ 0 & G_3 & 0 & 0 & G_3 \\ 0 & 0 & H_1 & 0 & 0 \\ 0 & 0 & 0 & 0 & 0 \end{pmatrix} \begin{pmatrix} x_1 \\ x_2 \\ x_3 \\ x_5 \\ x_6 \end{pmatrix} + \begin{pmatrix} G_1 \\ 0 \\ 0 \\ 0 \\ 0 \end{pmatrix} U + \begin{pmatrix} 0 \\ 0 \\ 0 \\ 0 \\ M_1 \end{pmatrix} w_1 \\[3em] Y = \begin{pmatrix} 0 & 0 & 1 & 0 & 0 \end{pmatrix} \cdot \begin{pmatrix} x_1 \\ x_2 \\ x_3 \\ x_5 \\ x_6 \end{pmatrix} + 0 \cdot U + 0 \cdot w_1 \end{cases} \tag{3-29}$$

⑥由式(3-28)并依据矩阵原理推导出系统结构框图的传递函数公式,推导过程如下:

由式(3-28)解第一个方程得:

$$x = (I - A)^{-1}(bU + fw_1) \tag{3-30}$$

将式(3-30)代入式(3-28)第二个方程得:

$$Y = \left[c(I - A)^{-1}b + D \right]U + \left[c(I - A)^{-1}f + g \right]w_1 \tag{3-31}$$

进而可得框图 3-6 的传递函数为：

$$\frac{Y}{U} = c(I - A)^{-1}b + D \tag{3-32}$$

$$\frac{Y}{w_1} = c(I - A)^{-1}f + g \tag{3-33}$$

⑦由式（3-29）并依据推导过程运用 MATLAB 软件进行源代码编程并计算运行，具体如下所述。

```
syms G1 G2 G3 H1 M1          %定义符号变量
A=[0,0,0,-G1,0;
   G2,0,0,0,0;
   0,G3,0,0,G3;
   0,0,H1,0,0;
   0,0,0,0,0];
b=[G1;0;0;0];f=[0;0;0;0;M1];
c=[0,0,1,0,0];D=0;g=0;        %输入矩阵 A,b,f,c,D,g 各元素
R=c/(eye(size(A))-A);            %计算中间变量 R
Y2U=R*b+D;                     %计算传递函数 Y/U
Y2w1=R*f+g;                    %计算传递函数 Y/w1
disp(['传递函数 Y/U 为']),pretty(Y2U)
disp(['传递函数 Y/w1 为']),pretty(Y2w1)    %显示计算结果
```

如图 3-8(a)所示,通过 MATLAB 运行可得,图 3-6 的传递函数为:

$$\begin{cases} \dfrac{Y}{U} = \dfrac{G_1 G_2 G_3}{1 + G_1 G_2 G_3 H_1} \\[4mm] \dfrac{Y}{w_1} = \dfrac{G_3 M_1}{1 + G_1 G_2 G_3 H_1} \end{cases} \qquad (3\text{-}34)$$

同理,如图 3-8(b)所示,可得图 3-7 的传递函数为:

$$\begin{cases} \dfrac{Y}{U} = \dfrac{G_1 G_2 G_3}{1 + G_1 G_2 G_3 H_2} \\[4mm] \dfrac{Y}{w_1} = \dfrac{G_3 M_1}{1 + G_1 G_2 G_3 H_2} \end{cases} \qquad (3\text{-}35)$$

(a)井下人员反馈响应机制

（b）传感器反馈响应机制

图 3-8　MATLAB 运行结果

8）依据应急响应工作机制及典型环节动态特性，确定图 3-12 中各环节的传递函数为：

$$
\begin{cases}
G_1(s) = K_c \\[2mm]
G_2(s) = K_o \\[2mm]
G_3(s) = \dfrac{K_a}{T_a s + 1} \\[2mm]
M_1(s) = K_f \\[2mm]
H_1(s) = \dfrac{K_1}{T_1 s + 1} \\[2mm]
H_2(s) = \dfrac{K_2}{T_2 s + 1}
\end{cases}
\tag{3-36}
$$

式中　K_c——监控（系统平台），调度机构决策系数；

　　　K_o——瓦斯治理相关部门执行系数；

　　　K_a——煤矿主体（某一生产单元）自身结构系数；

　　　T_a——煤矿主体（某一生产单元）自身时间常数；

K_f——矿井瓦斯涌出系数；

K_1——井下作业人员工作能力系数；

T_1——井下作业人员反馈时间常数；

K_2——传感器工作可靠性系数；

T_2——传感器传输时间常数。

由式(3-34)，可得：

$$\frac{Y(s)}{w_1(s)} = \frac{K_a K_f(T_1 s + 1)}{(T_a s + 1)(T_1 s + 1) + K_c K_o K_a K_1} \tag{3-37}$$

令 $K = K_c K_o K_a K_1$，则式(3-37)为：

$$\frac{Y(s)}{w_1(s)} = \frac{K_a K_f(T_1 s + 1)}{(T_a s + 1)(T_1 s + 1) + K} \tag{3-38}$$

假设 $w_1 = n$(阶跃信号)，则：$w_1(s) = n/s$，令 $K_f n = M$，得：

$$Y(s) = \frac{(T_1 s + 1)K_a K_f \cdot \dfrac{n}{s}}{T_a T_1 s^2 + (T_a + T_1)s + 1 + K} = \frac{K_a M\left(T_1 + \dfrac{1}{s}\right)}{T_a T_1 s^2 + (T_a + T_1)s + 1 + K} \tag{3-39}$$

$$\Rightarrow Y(s) = \frac{K_a M}{1 + K}\left[\frac{\dfrac{1+K}{T_a T_1}}{s\left(s^2 + \dfrac{T_a + T_1}{T_a T_1}s + \dfrac{1+K}{T_a T_1}\right)} + \frac{T_1 \cdot \dfrac{1+K}{T_a T_1}}{s^2 + \dfrac{T_a + T_1}{T_a T_1}s + \dfrac{1+K}{T_a T_1}} \right] \tag{3-40}$$

令 $\omega_n = \sqrt{\dfrac{1+K}{T_a T_1}}$，$\xi = \dfrac{T_a + T_1}{2\sqrt{T_a T_1(1+K)}}$，上式可写成：

$$Y(s) = \frac{K_a M}{1 + K}\left[\frac{\omega_n^2}{s(s^2 + 2\omega_n \xi s + \omega_n^2)} + \frac{T_1 \cdot \omega_n^2}{s^2 + 2\omega_n \xi s + \omega_n^2} \right] \tag{3-41}$$

由拉普拉斯变换原理，式(3-41)变为：

$$y(t) = \frac{K_a M}{1 + K}\left[\begin{array}{l} 1 - \dfrac{1}{\sqrt{1 - \xi^2}}e^{-\xi\omega_n t} \cdot \sin(\omega_n\sqrt{1 - \xi^2} \cdot t + \varphi) + \\[2mm] T_1 \cdot \dfrac{\omega_n}{\sqrt{1 - \xi^2}}e^{-\xi\omega_n t} \cdot \sin(\omega_n\sqrt{1 - \xi^2} \cdot t) \end{array} \right] \tag{3-42}$$

其中: $\varphi = \arctan \dfrac{\sqrt{1-\xi^2}}{\xi}$,再将上式化简,得:

$$y(t) = \frac{K_a M}{1+K}\left[1 - \frac{e^{-\xi\omega_n t}}{\sin\varphi} \cdot \sin(\omega_n\sqrt{1-\xi^2} \cdot t + \varphi) \right] \qquad (3\text{-}43)$$

其中: $\varphi = \arctan \dfrac{\sqrt{1-\xi^2}}{\xi - T_1\omega_n}$;同理,可得图 3-14 的响应表达式为:

$$y(t) = \frac{K_a M}{1+K'}\left[1 - \frac{e^{-\xi'\omega'_n t}}{\sin\varphi'} \cdot \sin(\omega'_n\sqrt{1-\xi'^2} \cdot t + \varphi') \right] \qquad (3\text{-}44)$$

其中: $\varphi' = \arctan \dfrac{\sqrt{1-\xi'^2}}{\xi' - T_2\omega'_n}$, $K' = K_c K_o K_a K_2$, $M = K_f n$, $\omega'_n = \sqrt{\dfrac{1+K'}{T_a T_2}}$, $\xi' = \dfrac{T_a + T_2}{2\sqrt{T_a T_2(1+K')}}$ 。

⑨确定响应表达式(3-43)与表达式(3-44)中各参数的取值,运用 Origin 软件绘制表达式的响应曲线,如图 3-9 所示,曲线 a—i 的参数取值见表 3-2。

表 3-2　响应曲线参数取值情况

曲线	K_1	T_1	K_2	T_2	K_c	K_o	K_a	K	K'	T_a	K_f	$n/\%$
a	0.6	2.5	—	—	4.5	1.8	4.0	19.44	—	5.0	3.19	1.5
b	0.9	2.5	—	—	4.5	1.8	4.0	29.16	—	5.0	3.19	1.5
c	0.6	4.5	—	—	4.5	1.8	4.0	19.44	—	5.0	3.19	1.5
d	—	—	0.7	1.5	4.5	1.8	4.0	—	22.68	5.0	3.19	1.5
e	—	—	1.2	1.5	4.5	1.8	4.0	—	38.88	5.0	3.19	1.5
f	—	—	0.7	3.5	4.5	1.8	4.0	—	22.68	5.0	3.19	1.5
g	0.6	2.5	—	—	5.0	1.8	4.0	21.60	—	5.0	3.19	1.5
h	0.6	2.5	—	—	4.5	2.5	4.0	27.00	—	5.0	3.19	1.5
i	0.6	2.5	—	—	4.5	1.8	4.0	19.44	—	5.0	3.50	1.5

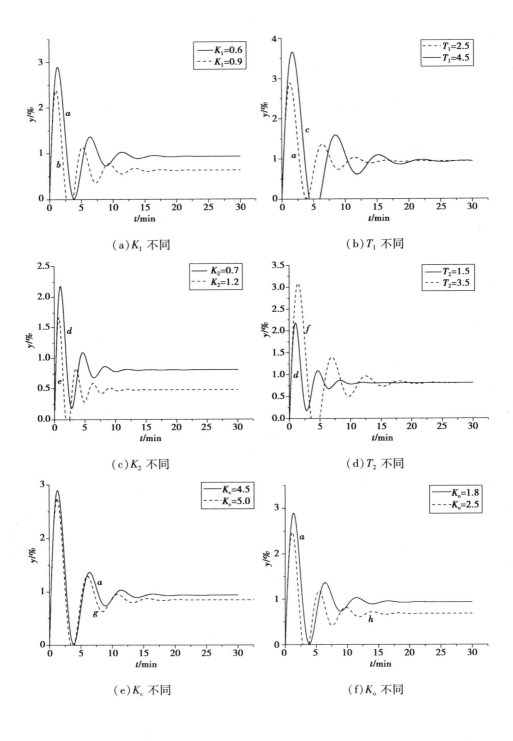

(a) K_1 不同

(b) T_1 不同

(c) K_2 不同

(d) T_2 不同

(e) K_c 不同

(f) K_o 不同

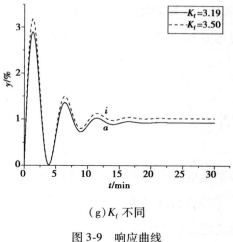

（g）K_f 不同

图 3-9 响应曲线

3.2.3 模型的分析与验证

如图 3-9 所示,在煤矿主体(某一生产单元)自身结构系数 K_a 及自身时间常数 T_a 不变,即煤矿主体(某一生产单元)自身内部条件不变的情况下,针对同样的干扰 n,当井下作业人员工作能力系数 K_1 较大或反馈时间常数 T_1 较小时,当传感器工作可靠性系数 K_2 较大或传输时间常数 T_2 较小时,当监控(系统平台)、调度机构决策系数 K_c 较大时,当瓦斯治理相关部门执行系数 K_o 较大时,当矿井瓦斯涌出系数 K_f 较小时,均有瓦斯浓度达到的最高值较小且衰减振荡持续时间较短。

而在实际的瓦斯爆炸灾前异常阶段响应过程中,如果井下作业人员或传感器能够及时、准确地将瓦斯浓度异常信号反馈至监控调度平台,监控调度平台能够根据反馈的异常情况及时做出有效的决策,瓦斯治理相关部门便能够依据接收到的决策指令执行相应的干预措施,灾前异常的发展将会得到有效的遏制,从而避免了因灾前异常进一步扩大导致瓦斯爆炸事故发生。另外,针对同样的灾前应急响应状况,在矿井瓦斯涌出情况不严重的情况下,瓦斯爆炸灾前异常也能够较容易地得到有效遏制。

综上所述,本章所建立的煤矿瓦斯爆炸灾前危机应急响应数学模型的运行结果与实际的响应过程状况相符,进一步印证了所建数学模型的正确性与可靠性。

3.3　本章小结

①首先对建立数学模型所涉及的"拉普拉斯变换""系统的过渡响应""典型环节的动态特性""系统代数状态方程"等理论进行具体阐述,其次以建立的煤矿瓦斯爆炸灾前危机应急响应模式为基础,构建了用于建立煤矿瓦斯爆炸灾前危机应急响应数学模型的结构框图。

②运用系统辨识建模法并基于构建的应急响应数学模型结构框图,运用结构框图的代数状态方程解法通过 MATLAB 软件确定了煤矿瓦斯爆炸灾前危机应急响应机制的传递函数。

③通过比对各典型环节的动态特性,具体确定了结构框图中各环节的传递函数及总的传递函数并通过拉普拉斯变换得到响应表达式,建立了煤矿瓦斯爆炸灾前危机应急响应数学模型,同时运用 Origin 软件绘制了当时间常数等参数不同时的各种过渡响应曲线,从定量的角度显现出各种响应状况下的响应效果。

第4章 煤矿瓦斯超限治理响应过程

煤矿瓦斯爆炸灾前危机应急响应工作机制的核心是瓦斯出现超限时的治理响应,本章通过对调研收集的煤矿瓦斯超限事故分析处理报告进行整理,分析煤矿瓦斯超限治理响应过程在及时性与可靠性方面存在的问题以及如何进行提升。

4.1 瓦斯超限概述

1)瓦斯超限危险性

瓦斯超限即矿井作业地点的瓦斯浓度超过《煤矿安全规程》规定的瓦斯浓度值。作业地点一旦出现瓦斯超限,必须立即停电撤人,切勿冒险作业。

瓦斯超限会导致井下空气中氧气浓度的下降,如果井下出现火源可能会酿成瓦斯燃烧甚至是瓦斯爆炸的事故;而瓦斯超限也是诱发瓦斯事故的关键因素,增强"瓦斯超限就是事故"这一重要意识、实现瓦斯的零超限是阻止瓦斯灾害事故发生并保障井下作业人员生命安全的重要途径。

本次调研涉及现场调研工作,此次调研走访了贵州省盘州市、六盘水市水城区部分煤矿企业及地方安监局,总共收集煤矿瓦斯超限事故分析处理报告241份,整理结果见表4-1。本章将通过表4-1从"瓦斯超限原因""瓦斯超限持续时间""瓦斯超限浓度"3个方面进行统计,通过统计结果分析煤矿瓦斯超限治理响应过程存在的问题并研究改进措施。

表 4-1 煤矿瓦斯超限事故分析处理报告整理情况表

序号	瓦斯超限地点	瓦斯超限传感器	瓦斯超限持续时间	瓦斯超限浓度/%	瓦斯超限原因	所在地
1	N11241 回风巷	T1	9 分 45 秒	20.56	风筒脱节	盘州
2	N11241 回风巷	T1	1 分 8 秒	0.94	局部开关跳闸导致风机无法运行、工作面停风	盘州
3	N11241 回风巷	T1	0 分 36 秒	0.97	冒顶压断风筒	盘州
4	N11241 回风巷	T1	0 分 19 秒	1.10	风筒往前延接	盘州
5	N11241 回风巷	T1	4 分 30 秒	0.90	N11241 回风巷风机停电	盘州
6	新井 1440 运输石门	T1	0 分 51 秒	1.08	风机电跳闸	盘州
7	S12142 运输巷	T1	19 分 39 秒	1.71	电网瞬间电压过大，导致南北采区井下多合开关跳闸	盘州
8	W11241 回风巷	T1	0 分 13 秒	1.52	延接风筒时，迎头微风，造成瓦斯积聚，延接完毕后，吹出集瓦斯，造成超限	盘州
9	N10101 瓦斯治理下山	—	29 分 34 秒	22.84	监控分站老化存在故障，探头显示超限	盘州
10	N11241 回风巷	T1	9 分 55 秒	3.94	T1 甲烷传感器故障，数据失真	盘州
11	N11241 运输巷	T1	0 分 13 秒	1.65	架棚子时不小心撞到探头，引起报警	盘州

序号	地点	阶段	时间	数值	描述	区域
12	10101瓦斯治理下山	T1	3分28秒	1.50	工作面煤层有断层,炮掘后瓦斯超限	盘州
13	N11121运输巷	T1	0分25秒	3.39	探头误报	盘州
14	N11241回风巷	—	0分30秒	1.03	综掘机扫浮煤时,风筒出风口变向,造成迎头上帮侧风量减弱	盘州
15	N11121回风巷	T1	0分21秒	1.46	传感器故障误报	盘州
16	N11201采面	T0	0分10秒	1.67	传感器故障误报	盘州
17	N11121回风巷	T1	0分20秒	1.02	工作面迎头支护不及时,空顶接近2m,顶部漏顶,空顶位置充填不及时,顶部瓦斯聚集并涌入逆风流中	盘州
18	N11154采面	T0	6分39秒	0.91	泵房2号开关故障导致采面上隅角瓦斯抽放无抽管放负压	盘州
19	S121221回风巷	T2	1分59秒	0.91	处理风筒时,风筒脱节,导致风量减少	盘州
20	S12202回风巷	T0、T1、T2	T0:0分20秒;T1:1分42秒;T2:16分6秒	T0:1.02;T1:0.98;T2:1.66	地面抽放瓦斯泵1号停运,导致采面上隅角抽放管无负压	盘州
21	N11154采面	T0、T1、T2	T0:1分8秒;T1:1分13秒;T2:2分37秒	T0:1.35;T1:1.23;T2:0.92	矿井主扇停电停风	盘州
22	N11201采面	T3	6分8秒	0.79	矿井主扇停电停风	盘州

续表

序号	瓦斯超限地点	瓦斯超限传感器	瓦斯超限持续时间	瓦斯超限浓度/%	瓦斯超限原因	所在地
23	S12122运输巷	T1	1分31秒	1.36	私拉传感器，使传感器撞到支架，导致故障	盘州
24	S12122运输巷	T1	3分14秒	1.11	风筒脱节	盘州
25	S12122采面	T1	8分41秒	1.16	瓦斯泵上隅角抽放失效，抽采效果差，采空区瓦斯涌进回风流	盘州
26	S12201切眼	T1	0分32秒	4.00	地面高爆开关故障，井下停电，局部通风机停止运行，停电致传感器故障	盘州
27	S12222采面	—	0分32秒	0.87	局部漏顶，堵塞通风，瓦斯积聚	盘州
28	N11121运输巷	T2	5分40秒	1.60	打钻，喷孔瓦斯，引起超限	盘州
29	S12222采面	T1	0分41秒	1.07	停电，瓦斯泵停止运行	盘州
30	N11121运输巷	T1	0分44秒	0.89	局扇断电	盘州
31	S12201切眼	—	1分53秒	3.99	风筒敞放炮煤压住，风量减少	盘州
32	S12201切眼	T1	1分4秒	0.99	T1误报	盘州
33	S12201切眼	T1	0分10秒	1.57	放炮后风筒脱节	盘州
34	N11121运输巷	T2	0分11秒	1.20	T2误报	盘州
35	N11121运输巷	T1	0分11秒	1.04	处理溜子致风筒脱节	盘州
36	N11121回风巷	T1	1分5秒	0.99	碰到监控线，T1误报	盘州

37	N11121 回风巷	T2	0 分 43 秒	0.95	碰到监控线，T2 误报	盘州
38	N11121 运输巷	T1	1 分 38 秒	16.72	钻孔喷孔	盘州
39	S12201 采面	T0、T1、T2	T0:14 分 4 秒; T1:14 分 4 秒; T2:14 分 4 秒	T0:0.87; T1:0.86; T2:0.82	溜子故障，浮煤堆积在下出口，通风受阻	盘州
40	S12201 运输巷	T1	0 分 35 秒	1.14	风筒堵塞，风量小	盘州
41	S12222 回风巷	T1	0 分 18 秒	2.22	传感器故障	盘州
42	S12122 采面	T0	0 分 12 秒	0.85	抽采泵故障	盘州
43	S12122 采面	T1	0 分 12 秒	0.82	抽采泵故障	盘州
44	S12222 切眼	T1	0 分 49 秒	1.03	放炮导致风筒脱落，使得迎头供风不足，导致瓦斯超限	盘州
45	S12122 采面	T0	25 分 58 秒	1.86	瓦斯管路积水，上隅角抽放无效	盘州
46	S12222 切眼	T1	0 分 19 秒	1.91	传感器被撞落，误报	盘州
47	S12122 采面	T1	0 分 19 秒	2.28	采面放炮导致往梁偏倒，将接线盒砸坏，导致传感器故障误报	盘州
48	S12222 采面	T1	29 分 24 秒	2.77	探头误报	盘州
49	S12122 采面	T2	3 分 30 秒	0.98	浮煤堵住采面下部，通风不畅	盘州
50	S12122 采面	T1	0 分 20 秒	2.24	T1 插头接触不良、误报	盘州
51	S12201 切眼	T1	1 分 14 秒	0.82	停电检修局扇开关，局扇停电停运，工作面停风，导致面超限	盘州

续表

序号	瓦斯超限地点	瓦斯超限传感器	瓦斯超限持续时间	瓦斯超限浓度/%	瓦斯超限原因	所在地
52	N11121 运输巷	T1	1 分 45 秒	0.91	施工抽放钻孔,封孔期间钻孔内外涌出	盘州
53	N11121 运输巷	T1	0 分 49 秒	0.93	回钻喷孔,瓦斯涌出	盘州
54	S12201 切眼	T1	1 分 59 秒	0.88	停电,局扇听风	盘州
55	—	T1	0 分 30 秒	1.03	未检查风筒	盘州
56	—	T1	0 分 25 秒	3.39	T1 被淋湿导致误报	盘州
57	下山	T1	29 分 34 秒	22.84	线路老化	盘州
58	N11241 运输巷	T1	0 分 13 秒	1.65	架棚作业碰到 T1,导致报警	盘州
59	N11241 回风巷	T1	0 分 13 秒	1.52	瓦检员延伸风筒吹出瓦斯(未及时延接风筒)	盘州
60	10101 瓦斯治理下山	T1	0 分 17 秒	1.50	放炮引起瓦斯涌出增大	盘州
61	N11241 回风巷	T1	0 分 10 秒	0.84	拐弯点风筒脱落,接风筒点断后排出瓦斯	盘州
62	N11241 回风巷	T1	0 分 7 秒	1.05	迎头停电,送电员不熟悉,风机未开启	盘州
63	15129 采面	T0	0 分 13 秒	1.30	关闭抽放管路阀门放水,采面抽放负压减小,抽放流量不足	盘州

序号	地点	传感器	时间	数值	原因描述	矿区
64	110306 采面	T1、T2	T1:98分0秒; T2:95分0秒	T1:4.00; T2:3.87	防突措施不到位，未消除突出危险，煤壁前方有集中应力，采煤机割煤诱导煤与瓦斯片帮，造成84-101号架煤壁片帮	盘州
65	110511 采面	T0、T1、T2、回风平硐瓦斯传感器	T0:13分0秒; T1:13分0秒; T2:13分0秒; 回:13分0秒	T0:15.81; T1:14.9; T2:15.55; 回:1.96	瓦斯治理不到位，未消除突出危险，煤壁前方有集中应力，采煤机割煤诱导煤与瓦斯压出	盘州
66	310004 综采工作面	T0	8分55秒	4.00	扛运瓦斯管将甲烷传感器碰落，导致传感器内低端催化原件铂丝断丝	水城
67	11014 溜煤反上山	T1、T2	T1:3分35秒; T2:3分26秒	T1:2.65; T2:2.80	放炮将风筒炸脱节	水城
68	永久避难硐室	003A07室外瓦斯传感器	59分5秒	3.85	3号分站故障	水城
69	永久避难硐室	003A01室内瓦斯传感器	58分16秒	2.61	3号分站故障	水城
70	1201 运输顺槽	T1	9分11秒	2.76	局部通风机供电设备故障，风机未能实现自动切换	水城
71	1202 运输顺槽	T1	2分3秒	1.16	外网供电系统因小雨闪停，工作面停抽、停风，导致瓦斯超限	水城
72	10904 运输巷	分风口甲烷传感器	5分5秒	3.00	传感器航空插头松动，造成误报警	水城

续表

序号	瓦斯超限地点	瓦斯超限传感器	瓦斯超限持续时间	瓦斯超限浓度/%	瓦斯超限原因	所在地
73	1301 回风巷	T2	1 小时 2 分 30 秒	3.76	移动传感器，导致故障，维护员疏忽大意，造成矿井整个监控系统数据未及时上传	水城
74	12182 采面	T2	4 分 1 秒	4.00	瓦斯传感器故障，误报；监控维护人员管理不到位	水城
75	31004 运输顺槽下	T2	27 分 3 秒	2.94	块煤车倒运划破风筒，更换风筒时间长	水城
76	21001 运输巷	T2	0 分 7 秒	2.70	顶板掉碎矸砸落探头在巷道地板上造成故障误报警	水城
77	21001 运输巷	T2	0 分 7 秒	2.79	分站设备故障引起瞬间误报警	水城
78	1043 回风巷	T1	0 分 6 秒	3.79	整理接线盒时导致碰触，发生短路或其它造成数据乱码，上传后导致显示超限	水城
79	1232 回风巷	T1	29 分 11 秒	7.91	1232 回风巷第二刮板运输机电机并进行更换，在更换期间不慎拉脱 1232 回风巷风筒，致使 1232 回风巷迎头无风	水城
80	10702 切眼	T1	0 分 25 秒	7.80	提前接通传感器监控线，在未确认排放瓦斯工作是否完成时安排恢复 T1 数据上传	水城

序号	地点		时间		说明	矿名
81	1450 联络巷	T1、T2、T3	T1:59 分 0 秒；T2:39 分 0 秒	T1:8.95；T2:1.51；T3:1.09	迎头出现断层，炮后裂隙瓦斯涌出，T1 距迎头近，风筒对瓦斯未充分稀释	水城
82	111113 综采工作面	T1、T2、T4、轨巷避难硐室	T1:0 分 34 秒；T2:15 分 39 秒；T4:21 分 0 秒；轨:23 分 0 秒	T1:1.13；T2:3.24；T4:5.85；轨:1.69	采面顶板破碎，拉架工未将侧护板支护到位，导致架间缝隙过大，破碎矸石漏下堵塞通风断面	水城
83	120203 机巷综掘工作面	T1	20 分 0 秒	9.90	地面变电所跳电，当班变电工未及时汇报矿指挥中心和按规定倒副工井主变，导致井下停电停风	水城
84	114075 回风巷	—	45 分 0 秒	1.70	地面变电所 I 回路停电，转 II 回路供电，因井下配电室电机开关不灵敏，电力工作时间长时间不能启动	水城
85	1450 联络巷掘进工作面	T1、T2、T3	T1:59 分 0 秒；T2:41 分 0 秒	T1:8.95；T2:1.51；T3:1.09	迎头有一煤层，顶板有一煤层，遇地质构造落差，未对迎头煤层开展预抽，瓦斯治理不达标	水城
86	31108 集中回风巷	T2、风机开关	T2:30 分 0 秒；风机:25 分 0 秒	T2:2；风机:1.3	二塘 110KV 变电站同系瞬闪停，造成瑭湾线停电，导致三四采区系统停电局部风机停运	水城
87	S1603 综采工作面	T1	15 分 0 秒	37.50	T1 航空插头密封效果不好，有水漏进航空插座接线孔，导致电缆短路，给系统错误信号	水城

续表

序号	瓦斯超限地点	瓦斯超限传感器	瓦斯超限持续时间	瓦斯超限浓度/%	瓦斯超限原因	所在地
88	P41104 里运巷迎头	T1	8 分 18 秒	10.50	放炮时,煤矿压住风筒,使出风量减少,风筒脱落,迎头风量变小,导致瓦斯积聚	水城
89	一盘区运输石门	T2	1 小时 2 分 56 秒	27.20	未针对煤层采区瓦斯治理措施,放炮震动引起破碎顶板垮落,导通与上覆煤层裂隙,导致瓦斯涌出量增大	水城
90	121100 轨道巷回风联络巷掘进工作面	T1	2 分 0 秒	2.37	局部风机停止运转且不能正常切换,工作面瓦斯涌出	水城
91	一采区回风石门	T1、T2、T3	27 分 0 秒	T1:2.96; T2:3; T3:1.35	放炮遇到地质构造,引起瓦斯异常涌出	水城
92	31307 采面上隅角	—	5 分 0 秒	1.09	瓦斯报警值设置参数与规程不符;采面隔离墙垮塌,采空区瓦斯涌出	水城
93	41103 综放工作面	T4	5 分 0 秒	39.75	使用高压水枪冲尘,致使上隅角 T4 被冲击进水,引起 T4 催化原件受频,导致 T4 误码超限	水城
94	P41103 综放工作面	T1	2 分 0 秒	1.19	拉架时,发生漏顶,堵塞断面造成风流进入采空区,将采空区瓦斯带出	水城

序号	地点	回风	时间	浓度	原因描述	矿名
95	30710 机巷	T1	2 分 0 秒	1.21	30710 机巷下帮钻场施工顶板钻孔,钻孔喷孔造成瓦斯超限	水城
96	310702 采面	T2	T2:16 分 0 秒	T2:1.03	主煽,瓦斯泵停止运转	水城
97	X40806 采面	T0、T1、T2	T0:2 分 0 秒;T1:7 分 0 秒;T2:13 分 0 秒	T0:1.52;T1:1.72;T2:2.01	片帮漏顶,煤矸堵塞工作面断面,风流箅人高顶空洞内将瓦斯带出	水城
98	P40807 回巷	T2	53 分 0 秒	1.24	传感器故障误警造成瓦斯超限	水城
99	01107(2)采面	一井总回 T、T0、T2、T3	T:2 分 0 秒;T0:1 小时 42 分;T2:1 小时 3 分;T3:19 分 0 秒	T:1.01;T0:3.37;T2:6.30;T3:1.59	主煽停机时间过长导致采面无风瓦斯超限	水城
100	瓦斯发电站	厂房环境瓦斯	0 分 28 秒	3.99	探头误报	盘州
101	N11241 回风巷	T1	13 分 15 秒	1.89	局部通风机总开关跳闸,风机停止运行,工作面停风,导致超限	盘州
102	N11241 运输巷	T1	7 分 39 秒	0.96	因迎头综掘机切割时,切割速度过快,煤体瓦斯快速释放,导致超限	盘州
103	N11241 回风巷	T1	0 分 12 秒	0.81	打锚杆、锚索支护时,锚孔内瓦斯涌出导致超限	盘州
104	N11241 回风巷	T1	0 分 20 秒	0.81	局部通风机开关跳闸,风机停运,工作面供风中断,导致超限	盘州

续表

序号	瓦斯超限地点	瓦斯超限传感器	瓦斯超限持续时间	瓦斯超限浓度/%	瓦斯超限原因	所在地
105	S12201 采面	T0、T1、T2	T0:4 分 30 秒；T1:4 分 16 秒；T2:5 分 19 秒	T0:0.89；T1:0.89；T2:0.96	S12201 运输上山风门被关严，S12201 中巷内瓦斯升高，开风门后，中巷瓦斯涌入工作面回风流，导致超限	盘州
106	N11121 运输巷	T1	0 分 29 秒	1.15	移动吊挂传感器时，传感器滑落受到撞击引起误报	盘州
107	N11241 运输巷	T1	0 分 29 秒	0.80	迎头掘进，综掘机切割速度过快，煤体瓦斯释放到风流中，导致超限	盘州
108	N11121 运输巷	T1	0 分 14 秒	0.85	更换迎头风筒布时，迎头工作面瓦斯升高，风筒连接好后，把迎头瓦斯排出回风流，导致超限	盘州
109	N11121 运输巷	T1	0 分 17 秒	1.43	移动传感器，传感器受到碰撞导致误报	盘州
110	N11241 回风巷	T1	9 分 45 秒	20.56	工作面迎头第三节风筒脱落，加之瓦斯抽放孔拆孔未及时封堵，钻孔内瓦斯涌出，造成超限	盘州
111	N11241 回风巷	T1	9 分 44 秒	20.56	风机停电切换到备用风机，风机反转，工作面无风，造成超限	盘州

序号	地点	传感器	时间	数值	原因	矿
112	N11121运输巷	T1	1分38秒	16.72	N11121运输巷迎头往外4m处施工钻孔,在退钻下套中,钻孔内发生喷孔,传感器距离钻孔近,造成超限	盘州
113	S12201采面	T0、T1、T2	T0:33分1秒;T1:14分4秒;T2:7分6秒	T0:0.87;T1:0.82;T2:0.86	运输上山溜子发生故障,采面漏下的浮煤大量堆积在下出口段,导致采面通风受阻	盘州
114	N11012切眼	T1	0分12秒	1.19	风筒吊挂绳被煤块打断,风筒出风口落地井被浮煤压住,工作面风量减少,导致风流中瓦斯升高超限	盘州
115	S12201切眼	T1	0分10秒	1.57	传感器误报	盘州
116	S12201切眼	T1	1分53秒	3.99	工作面放炮炸脱风筒前端,出风口被浮煤压住,造成通风压力	盘州
117	S12201切眼	T1	0分31秒	0.82	施工抽放钻孔过程中,孔内瓦斯涌出	盘州
118	S12201运输巷	T1	0分35秒	1.14	施工瓦斯抽放钻孔时,孔内瓦斯涌出	盘州
119	N11201回风巷	T1	0分9秒	1.47	传感器故障误报	盘州
120	S12222运输巷	T1	0分30秒	1.23	综掘机切割速度太快,瓦斯涌出量增大	盘州

续表

序号	瓦斯超限地点	瓦斯超限传感器	瓦斯超限持续时间	瓦斯超限浓度/%	瓦斯超限原因	所在地
121	N11012切眼	T1	0分37秒	2.08	工作面放炮使一节风筒脱落,风筒甩动将瓦斯传感器碰落地面被浮煤掩埋,导致误报	盘州
122	W11运输石门	—	3分26秒	1.16	风筒脱节导致瓦斯超限	盘州
123	副井管子道	T2	11分37秒	19.30	探头坠落,摔坏误报	盘州
124	11轨道石门	—	6分56秒	1.05	打钻喷孔	盘州
125	W12回风石门	T1	1分44秒	1.70	35kV变电站停电	盘州
126	11轨道石门	T1	0分10秒	1.27	35kV变电站停电	盘州
127	11轨道石门	T1	0分31秒	2.23	停电停风	盘州
128	11801底板抽放巷	T1、T2	T1:3分7秒;T2:3分7秒	T1:1.14;T2:1.21	风机跳闸送不上电	盘州
129	水仓	T1、T2	T1:3分56秒;T2:3分56秒	T1:1.96;T2:1.98	放炮引起瓦斯超限	盘州
130	11运输石门	T2	0分42秒	1.11	风机跳闸	盘州
131	W11轨道石门	T1、T2	T1:3分0秒;T2:5分0秒	T1:1.04;T2:1.00	风筒被吹烂	盘州
132	11轨道石门	—	0分10秒/6分15秒	1.95/1.49	放炮埋坏风管,处理过程中造成瓦斯超限	盘州

		T1、T2	T1:5分54秒；T2:5分54秒	T1:1.21；T2:1.10		
133	W12回风石门	T1、T2	T1:5分54秒；T2:5分54秒	T1:1.21；T2:1.10	放炮埋压风管	盘州
134	1234里采面	T3	9分0秒	1.16	将动力电缆及监测电缆捆绑在一起未按措施进行保护，监测电缆信号不稳定造成传感器误报	盘州
135	12171回风抽放巷工作面	T1	42分0秒	3.84	变电所I回跳闸，导致矿井系统停电	盘州
136	井下民爆器材库	T2	20分0秒	1.17	洗尘时未保护传感器，导致传感器进水引起误报	盘州
137	1234里改造巷	T1	48分0秒	1.15	监控分站供电不稳导致传感器误报	盘州
138	11172采面上隅角	T0	26分0秒	1.05	11172上隅角挡墙处上帮片帮煤矸将注水管砸断，高压水管喷到T0上造成误报	盘州
139	1394采面	T2	26分0秒	1.14	瓦检员冲洗扬尘时，不慎将探头淋到，去提探头时将探头弄掉落在底板上，导致误报	盘州
140	112运煤斜巷	T3	16分0秒	2.06	接线盒内T3探头信号线与温度传感器信号线接触造成短路，探头误报	盘州
141	1393回风巷	T2	4小时19分0秒	1.08	采空区老顶垮涌出瓦斯	盘州

续表

序号	瓦斯超限地点	瓦斯超限传感器	瓦斯超限持续时间	瓦斯超限浓度/%	瓦斯超限原因	所在地
142	11172 下回风	T2	1 小时 1 分	1.50	风筒脱落，造成工作面微风	盘州
143	13152 运输巷	T1	22 分 0 秒	1.42	探头误报	盘州
144	1393 采面回风	T2	38 分 0 秒	1.07	瓦斯管路负压异常	盘州
145	11154 采面上隅角	—	5 分 0 秒	1.20	运回收上来的柱子时，将采面上隅角风帐挂落，导致采面上隅角风量偏小	盘州
146	1065 运输巷	T1	7 分 48 秒	2.01	局扇停风造成瓦斯积聚超限	盘州
147	1032 待回收撤回工作面	T1	15 分 0 秒	T1:1.32	工作面下口移架时破坏了下尾巷风障，导致风流进入采空区，将采空区瓦斯带出引起超限	盘州
148	管子道	T2	5 分 0 秒	19.30	吊挂风筒，将探头弄掉在地上捧环探头，致使探头误报	盘州
149	11801 底抽巷	T1、T2	T1:9 分 50 秒；T2:6 分 14 秒	T1:1.14；T2:1.21	更换电缆期间，局部供风无备用电源，系统大压导致 11801 底抽巷局扇闸闸停电停风	盘州
150	11163 后期运输巷	T1	0 分 11 秒	1.90	风筒布脱落，引起 11163 后期运输巷 T1 超限	盘州

序号	地点		时间		原因描述	
151	W11 轨道石门	T1、T2	T1:5 分 23 秒; T2:7 分 59 秒	T1:1.95; T2:1.49	放炮导致风筒埋压及由于风压过大,导致风筒吹脱,造成迎头空间瓦斯积聚,且现场人员未严格控制瓦斯排放量造成超限	盘州
152	11044 采面运输巷	T3	3 分 15 秒	1.46	传感器催化元件低浓度电压低导致线外线补偿误报警造成系统故障	盘州
153	110635 回风巷	T1	20 分 11 秒	2.31	系统外线连续二次停电,来不及及时启动局扇供风,导致瓦斯超限	盘州
154	W11 轨道石门	T1	1 分 6 秒	2.23	W11 轨道石门局扇停风导致瓦斯超限	盘州
155	1804 采面	T1	11 分 29 秒	4.00	传感器故障误报	盘州
156	11154 采面上隅角	—	5 分 0 秒	1.20	运回收上来的柱子时,将面上隅角风筒帐落,导致回收采面上隅角风量偏小,造成超限	盘州
157	S12122 运输巷	T2	2 分 41 秒	0.92	施工穿层钻孔,孔内瓦斯喷出,导致瓦斯流中瓦斯升高,造成超限	盘州
158	S1537 回风绕道	T1	0 分 43 秒	0.81	主蹦跳闸导致瓦斯积聚	盘州
159	N11201 采面	T2	6 分 19 秒	1.04	停泵改造瓦斯管,造成瓦斯超限	盘州
160	S12122 运输巷	T1	0 分 42 秒	1.26	工作面前端风筒接头脱节,导致迎头风量不足,造成超限	盘州

续表

序号	瓦斯超限地点	瓦斯超限传感器	瓦斯超限持续时间	瓦斯超限浓度/%	瓦斯超限原因	所在地
161	S12222回风巷	T1	0分4秒	0.81	局扇馈电开关故障,导致局扇停电停风,造成瓦斯超限	盘州
162	N11154采面	T1、T2	T1:6分54秒;T2:8分29秒	T1:1.25;T2:1.14	采面放炮后,顺槽溜子故障停止运转,浮煤未及时运走,下出口被堵塞,通风受阻,导致瓦斯超限	盘州
163	N11154采面	T0	3分30秒	0.91	瓦斯泵故障停运,导致上隅角抽放失效,瓦斯升高,造成超限	盘州
164	N11201采面	T0	1分11秒	0.94	瓦斯泵故障停运,导致上隅角抽放失效,瓦斯升高,造成超限	盘州
165	N11201采面	T0	0分23秒	3.99	探头受到撞击误报	盘州
166	N11201采面	T1	0分10秒	0.80	上隅角瓦斯抽放管焊接处断裂,留管内瓦斯涌出,导致超限	盘州
167	S12122运输巷	T1	1分27秒	1.40	电工试电时,发生停电事故,导致I、II回路同时断电,使局扇风机停止运行,工作面停风造成瓦斯升高,超限	盘州
168	N11201回风巷	—	0分9秒	1.47	传感器故障误报	盘州

169	S12222 运输巷	T1	0 分 10 秒/0 分 20 秒	1.84/0.95	综掘机切割速度太快,瓦斯涌出量增大,导致回风流中瓦斯升高,超限报警	盘州
170	S12222 运输巷	T1	0 分 10 秒	0.81	地面开关站停电,致使风机停运,工作面停风导致瓦斯超限	盘州
171	S12222 运输巷	T1	0 分 30 秒	1.23	综掘机切割速度太快,迎头前方出现小范围漏顶,瓦斯涌出量增加,导致超限报警	盘州
172	15178 运输巷	T2	33 分 0 秒	1.26	施工前探钻孔探透小窑,瓦斯涌向工作面,造成超限	盘州
173	141711 采面	—	37 分 0 秒	1.30	采面机组上行后,导致采面机尾部分断面小,大量瓦斯流进入采空区导致瓦斯涌出量增加,造成超限。上端头为五排柱,滞后采面夹子,风量变小,上隅角超限	盘州
174	141711 采面	—	0 分 13 秒	1.18	采面机组上行后,导致采面机尾部分断面小,大量瓦斯涌出量增加,造成超限。上端头为五排柱,滞后采面夹子,风量变小,上隅角超限	盘州

续表

序号	瓦斯超限地点	瓦斯超限传感器	瓦斯超限持续时间	瓦斯超限浓度/%	瓦斯超限原因	所在地
175	14610 采面	T2	7 分 0 秒	1.04	14 泵房进人泵体供水量与出水量调节不平衡,造成供水量小,出水量大,泵体负压逐渐降低,抽放流量减少	盘州
176	洗煤厂 1 号煤仓	—	2 分 0 秒	1.49	停掉风机,导致瓦斯增大造成瓦斯超限	盘州
177	13120 运输巷	T3	1 分 40 秒	1.14	瓦斯传感器插销松动,传感器示值不准确	盘州
178	15610 回风巷	—	0 分 53 秒	1.02	巷道贯通,风流倒向,邻近层老巷瓦斯涌出,导致风流瓦斯超限	盘州
179	1332 采面	T0	4 分 18 秒	1.26	瓦斯传感器损坏	盘州
180	141711 采面	T0	0 分 13 秒	1.18	老顶来压	盘州
181	2158 运煤斜巷	T1	0 分 50 秒	1.06	炮后瓦斯超限	盘州
182	1539 采面	T1	2 小时 8 分 54 秒	1.05	改接瓦斯管	盘州
183	1539 采面	T0	1 小时 59 分 42 秒	1.07	改接瓦斯管	盘州
184	14 煤仓下口	—	0 分 38 秒	1.04	放煤块导致煤嘴堵塞	盘州
185	21134 采面	T0	0 分 25 秒	1.09	瓦斯传感器误报	盘州
186	1539 采面	T3	19 分 6 秒	1.43	煤片帮导致传感器掉水里短路	盘州
187	2158 运煤斜巷	T1	1 分 18 秒	1.06	炮后瓦斯超限	盘州

188	13120 运煤斜巷	T2	0分38秒	1.03	放炮后压住风筒	盘州
189	13120 运煤斜巷	T3	0分39秒	1.03	放炮后压住风筒	盘州
190	13120 运输巷	T2	4分21秒	1.82	炮后瓦斯超限	盘州
191	13120 运输巷	T1	1分47秒	1.18	炮后瓦斯超限	盘州
192	1333 回风巷迎头	—	0分12秒	1.64	瓦斯传感器误报警	盘州
193	13120 运输斜巷	T1	0分13秒	1.59	瓦斯传感器误报警	盘州
194	13120 运输巷	T2	1分4秒	1.12	炮后瓦斯超限	盘州
195	13120 运输巷	T1	0分51秒	1.05	炮后瓦斯超限	盘州
196	13120 运输巷	T2	2分21秒	1.20	炮后瓦斯超限	盘州
197	21134 采面	T0	26分42秒	2.04	瓦斯传感器故障	盘州
198	15178 运输巷	T1	1分18秒	1.08	掘进期间瓦斯超限	盘州
199	2158 运煤斜巷	T1	1分4秒	1.08	炮后瓦斯超限	盘州
200	14313 备用面	T1	0分13秒	1.21	瓦斯传感器误报警	盘州
201	14313 备用面	T1	0分13秒	1.05	瓦斯传感器误报警	盘州
202	1332 采面	T0	3分15秒	1.02	瓦斯传感器误报警	盘州
203	1332 采面	T0	3分41秒	1.13	瓦斯传感器误报警	盘州
204	21134 采面	T0	0分25秒	1.23	改线导致瓦斯传感器误报警	盘州
205	14313 备用面	T2	3分1秒	1.02	钻孔喷孔	盘州
206	1332 采面	T0	4分9秒	1.26	瓦斯传感器损坏	盘州

续表

序号	瓦斯超限地点	瓦斯超限传感器	瓦斯超限持续时间	瓦斯超限浓度/%	瓦斯超限原因	所在地
207	洗煤厂	T1	2分15秒	2.00	停风机	盘州
208	13120运输巷	T2	2分12秒	1.21	炮后瓦斯超限	盘州
209	141711采面	T0	0分13秒	1.18	老顶来压	盘州
210	21153回风巷	—	1分6秒	1.00	回收上端头垮落	盘州
211	2158运煤斜巷	T1	0分50秒	1.06	炮后瓦斯超限	盘州
212	1539采面	T0	1小时59分42秒	1.07	改接瓦斯管	盘州
213	14煤仓下口	—	0分41秒	1.04	放煤块导致煤嘴堵塞	盘州
214	21134采面	T0	0分28秒	1.09	瓦斯传感器误报警	盘州
215	1539采面	T3	19分6秒	1.43	煤片砸落导致瓦斯传感器掉水里短路	盘州
216	2158运煤斜巷	T1	1分18秒	1.06	炮后瓦斯超限	盘州
217	13120运煤斜巷	T2	0分38秒	1.03	放炮后压住风筒	盘州
218	13120运输巷	T2	4分21秒	1.62	炮后瓦斯超限	盘州
219	1333回风巷迎头	—	0分5秒	1.64	瓦斯传感器误报警	盘州
220	13120运煤斜巷	T1	0分13秒	1.59	瓦斯传感器误报警	盘州
221	13120运输巷	T2	1分4秒	1.12	炮后瓦斯超限	盘州
222	13120运输巷	T2	2分21秒	1.20	炮后瓦斯超限	盘州
223	21134采面	T0	26分42秒	2.04	瓦斯传感器故障	盘州

序号	地点	类型	时间	数值	原因	区域
224	15178 运输巷	T1	1分18秒	1.08	掘进期间瓦斯超限	盘州
225	2158 运煤斜巷	T1	1分3秒	1.06	炮后瓦斯超限	盘州
226	14313 备用面	T1	1分3秒	1.21	瓦斯传感器误报警	盘州
227	14313 备用面	T1	0分21秒	1.05	瓦斯传感器误报警	盘州
228	1332 采面	T0	1分41秒	1.02	瓦斯传感器误报警	盘州
229	1332 采面	T0	3分41秒	1.13	瓦斯传感器误报警	盘州
230	21134 采面	T0	0分25秒	1.23	改线导致瓦斯传感器误报警	盘州
231	14313 备用面	T2	3分1秒	1.02	抽放管被水淹	盘州
232	141711 采面	T1	2分40秒	1.41	瓦斯管断	盘州
233	15178 运输巷	T2	8分58秒	1.26	通小窑	盘州
234	15610 运输巷	T2	1分18秒	1.50	炮后瓦斯超限	盘州
235	1539 采面	T2	1分18秒	1.00	老顶来压	盘州
236	1539 采面	T1	0分32秒	1.03	系统停电	盘州
237	141613 抽放巷	T2	0分45秒	1.11	系统停电	盘州
238	13120 运输巷	T3	2分52秒	1.66	系统停电	盘州
239	13120 运输巷	T3	1分52秒	1.14	贯通时瓦斯超限	盘州
240	15610 回风巷	T2	0分38秒	1.02	贯通时瓦斯超限	盘州
241	1539 采面	T1	1分27秒	1.53	停泵瓦斯超限	盘州

2）瓦斯超限原因分析

基于对表4-1中的瓦斯超限原因的统计分析结果，发现造成瓦斯超限的原因通常为风量不足、瓦斯涌出、传感器误报、瓦斯抽采量不足等，统计结果如图4-1所示。

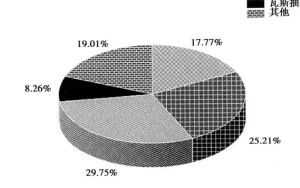

图4-1　瓦斯超限原因

3）瓦斯超限治理措施

瓦斯超限治理工作须遵循"先抽后采、监测监控、以风定产"十二字工作方针，并且煤矿生产企业要加强推进"通风可靠、抽采达标、监控有效、管理到位"瓦斯治理工作体系的构建，务必确保各个用风地点风量充足，防止瓦斯积聚，进行高强度的瓦斯抽放，是杜绝瓦斯超限行之有效的措施，具体如下所述。

①通风系统可靠。通风是治理瓦斯的基础，建立了完善合理、稳定可靠的矿井通风系统并保证采掘工作面等作业地点有足够的新鲜风量，瓦斯便不会出现积聚或超限，而稳定可靠的通风系统具体表现为：合理的系统构建、完整的基础设施、充足的矿井风量、稳定的矿井风流。

②瓦斯抽采达标。煤矿工作面在进行采掘前需实现抽采达标，通过抽采，从本质上防止瓦斯超限或灾害。同时，对煤层采前及采中瓦斯预抽须遵循"多抽并举、应抽尽抽、抽采平衡、效果达标"这一基本准则。

③管理工作到位。煤矿企业应建立由不同级别矿山相关领导牵头组织的

瓦斯超限分析制度,分析工作可以根据瓦斯浓度的高低分别由不同级别的领导负责主持;建立严格的瓦斯超限逐级汇报制度,井下一旦出现瓦斯超限,必须立即逐级向上汇报并作好记录工作;对于一些因其他因素造成的瓦斯超限,矿上相关领导部门及安检员务必进行超限原因分析并严肃处理。

④其他方面。煤矿生产过程中有时会遇到断层、煤层倾角及煤厚突变等情况,这些情况同样会导致瓦斯超限,煤矿进行采掘前务必查明工作面的具体地质构造并制订出对应构造的得力措施,确保生产过程中的安全。

4.2　煤矿瓦斯超限治理响应过程

通过查看瓦斯超限事故分析处理报告中的事故响应经过,总结出了现阶段煤矿瓦斯超限治理响应的大体过程,主要分为监控系统响应和人工响应两类。

1)监控系统响应

监控系统响应主要通过传感器超限报警并将信号传输至监控调度机构,然后由监控调度机构作为响应主体进行一系列响应行为,主要响应过程如下:

传感器超限报警→监控调度机构发现→监控调度通知瓦检员组织停电、撤离、查明原因及进行相应处理,同时汇报矿领导、总工等→矿领导、总工等指示停电、撤离并查明原因→瓦检员汇报情况并进行处理→调度员安排相关人员参与处理→矿领导、总工等在调度室核实情况并进行指挥处理(下井指挥处理或地面指挥处理)→相关人员汇报具体超限原因。

2)人工响应

人工响应主要通过井下作业人员在发现瓦斯超限并进行相应的指导处理后将超限报警信号反馈至监控调度机构,然后由监控调度机构作为响应主体进行一系列响应行为,主要响应过程如下:

作业人员发现超限→现场责任人通知停电、撤离并指导处理,同时汇报调度机构→调度机构指示停电、撤离并汇报矿领导、总工等→矿领导指示停电、撤离并查明原因→调度机构询问现场责任人相关情况→矿领导、总工等到调度室核实情况并指挥处理→总工与相关人员进行现场勘查处理并询问调度室具体情况。

4.3 煤矿瓦斯超限治理响应过程中存在的问题

对处理报告进行分析整理发现,现阶段煤矿实行的瓦斯超限治理响应过程主要存在着两个方面的问题:一方面,瓦斯超限持续时间较长,即响应过程历经时间长;另一方面,瓦斯超限过程中达到的最高浓度值较大,即响应过程可靠性不高。

1)瓦斯超限持续时间

通过对表4-1中的超限持续时间进行统计整理,统计结果如图4-2所示。从结果中发现,能够将瓦斯超限持续时间控制在 1 min 以内的事故数量所占比例为37.82%;同时,瓦斯超限持续时间高于 10 min 的事故所占比例为21.85%,这一现状表明现阶段煤矿实行的瓦斯超限治理响应过程在及时性方面有些欠缺,应在此方面进行一定程度改进,确保能够及时将灾害发展遏制在萌芽状态。

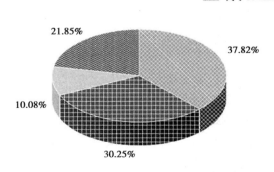

图 4-2 瓦斯超限持续时间

2）瓦斯超限最高浓度值

通过对表 4-1 中的超限最高浓度值进行分析整理，结果如图 4-3 所示。从结果中发现，瓦斯超限最高浓度高于 1.0% 的事故占绝大部分，并且超限最高浓度达 5.0% 以上（瓦斯爆炸最低浓度为 5.0%）的事故所占比例接近 10%，这一现状表明现阶段煤矿实行的瓦斯超限治理响应过程应在可靠性方面进行一定程度的优化与提升，避免因为瓦斯超限而引发瓦斯事故。

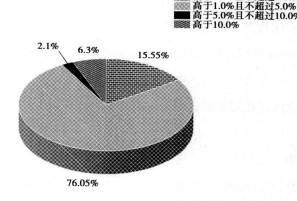

图 4-3　瓦斯超限最高浓度

4.4　煤矿瓦斯超限治理响应过程的提升

由建立的煤矿瓦斯爆炸灾前危机应急响应数学模型可知，在矿井瓦斯涌出于生产空间致使生产空间瓦斯浓度偏离规定值时，倘若各个环节响应的时间常数减少或各个环节的整体响应能力提高时，瓦斯浓度值从出现振荡到恢复至规定值所经历的时间便有所降低，并且在振荡的过程所达到的最大值将会有所减少。

1）及时性方面

煤矿瓦斯超限治理响应过程应从以下 5 方面在及时性上进行提升：

①加强传感器等监测设备的日常维护，保证传感器等监测设备能够高效、

可靠地工作并及时反馈瓦斯浓度等参数,为煤矿瓦斯超限治理响应提供有力保障。

②井下作业人员,要深刻认识到"瓦斯超限就是事故"这一准则,在井下瓦斯浓度出现异常变化时,须及时向监控调度机构等相关部门报告。

③企业要做好对煤矿监控调度机构的管理工作,监控调度机构人员应时刻注意瓦斯浓度等监测数据的变化情况,若有异常应立即进行响应决策,同时监控调度机构人员要注重自身工作素质的提高。

④"安全第一,预防为主,综合治理"的十二字安全生产方针应被瓦斯治理相关部门贯彻到底,在接到监控调度机构的决策指令时须立即进行相应的响应行为,实施人工干预,有效地遏制瓦斯超限事故的发展。

⑤煤矿企业应做好瓦斯超限防治工作,尽力避免严重的矿井瓦斯涌出事故发生。

2)可靠性方面

关于煤矿瓦斯超限治理响应过程如何在可靠性方面进行提高,本章拟通过对煤矿瓦斯超限治理响应过程可靠性的影响因素进行探究,并通过 FOWA 方法分析各影响因素对响应过程可靠性的影响程度,从而更加明确瓦斯超限治理响应过程可靠性提升的方向,主要内容如下所述。

①基本定义。

定义 1:设判断矩阵为 $\widetilde{A}$,其中 $\widetilde{a}_{ij}=(a_{ij}^{L},a_{ij}^{M},a_{ij}^{U})$,$\widetilde{a}_{ii}=(a_{ii}^{L},a_{ii}^{M},a_{ii}^{U})$,$\widetilde{a}_{ji}=(a_{ji}^{L},a_{ji}^{M},a_{ji}^{U})$。当 $a_{ij}^{L}+a_{ji}^{U}=a_{ij}^{M}+a_{ji}^{M}=a_{ij}^{U}+a_{ji}^{L}=1$ 时,那么 $a_{ii}^{L}=a_{ii}^{M}=a_{ii}^{U}=0.5$,$a_{ij}^{U}\geqslant a_{ij}^{M}\geqslant a_{ij}^{L}\geqslant 0$,$i,j\in N$,其中,$a_{ij}^{L},a_{ij}^{M},a_{ij}^{U}$ 分别表示两因素之间相对重要性最保守估计、最可能估计、最乐观估计,则定义矩阵 $\widetilde{A}$ 为三角模糊数互补判断矩阵。

设三角模糊数 $\widetilde{a}=(a^{L},a^{M},a^{U})$,$\widetilde{b}=(b^{L},b^{M},b^{U})$,则运算法则如下所述。

$$\widetilde{a}\oplus\widetilde{b}=(a^{L}+b^{L},a^{M}+b^{M},a^{U}+b^{U});$$

$\mu \otimes \tilde{a} = (\mu a^L, \mu a^M, \mu a^U)$，$\mu \geq 0$。

定义 2：设三角模糊数 $\tilde{a}_{ij} = (a_{ij}^L, a_{ij}^M, a_{ij}^U)$，称 $E(\tilde{a}_{ij}) = \dfrac{[(1-\lambda)a_{ij}^L + a_{ij}^M + \lambda a_{ij}^U]}{2}$ 为

其期望值。其中，λ 取值由决策者的风险态度所决定，通常 $\lambda = 0.5$，表示决策者持风险中立的态度。

定义 3：设 $F:D^n \rightarrow D$，当 $F(\tilde{a}_1, \cdots, \tilde{a}_n) = w_1 \otimes \tilde{b}_1 \oplus w_2 \otimes \tilde{b}_2 \oplus \cdots \oplus w_n \otimes \tilde{b}_n$，其中

$\boldsymbol{w} = (w_1, w_2, \cdots, w_n)^T$ 是与之相关联的加权向量，$w_j \in [0,1]$，$\sum\limits_{j=1}^n w_j = 1$，且 $\tilde{b}_j$ 是

以三角模糊数形式给出的一组数据 $\tilde{a}_i (i \in N)$ 中第 j 个最大的元素，那么函数 F 就被称为 n 维模糊有序加权平均算子（FOWA）。

②FOWA 的权重确定方法。

通过建立三角模糊数互补判断矩阵，再使用 FOWA 算子确定各个指标的权重，具体步骤如下所述。

a. 确定评价对象的影响因素集 $U = \{u_i\} = \{u_1, u_2, \cdots, u_n\}$，其中 u_i 为第 i 个影响因素；

b. 根据定义 1，建立对应的互补判断矩阵 $\widehat{\boldsymbol{A}}$。建立互补判断矩阵，采用 0.1 ~ 0.9 标度法，即以 $\widehat{0.1} \sim \widehat{0.9}$ 标度表示两个元素对于评价对象而言的相对重要性，三角模糊数的标度及矩阵的元素定义见表 4-2。

表 4-2　三角模糊数标度及定义

标度	三角模糊数	含义
$\widehat{0.9}$	$(0.8, 0.9, 0.9)$	表示两因素相比，一个因素比另一个因素程度特别重要
$\widehat{0.8}$	$(0.7, 0.8, 0.9)$	表示两因素相比，一个因素比另一个因素程度非常重要
$\widehat{0.7}$	$(0.6, 0.7, 0.8)$	表示两因素相比，一个因素比另一个因素程度一般重要
$\widehat{0.6}$	$(0.5, 0.6, 0.7)$	表示两因素相比，一个因素比另一个因素程度稍微重要

续表

标度	三角模糊数	含义
$\widehat{0.5}$	$(0.4,0.5,0.6)$	表示两因素相比,程度同等重要
$\widehat{0.4}$	$(0.3,0.4,0.5)$	
$\widehat{0.3}$	$(0.2,0.3,0.4)$	反比较,因素 i 与因素 j 比较得 $(a_{ij}^L,a_{ij}^M,a_{ij}^U)$,
$\widehat{0.2}$	$(0.1,0.2,0.3)$	则因素 j 与因素 i 比较得 $(1-a_{ij}^U,1-a_{ij}^M,1-a_{ij}^L)$。
$\widehat{0.1}$	$(0.1,0.1,0.2)$	

c. 确定加权向量 $\boldsymbol{\omega}=(w_1,w_2,\cdots,w_i)^T$,$w_i$ 可通过下式进行计算:

$$w_i = Q\left(\frac{i}{n}\right) - Q\left(\frac{i-1}{n}\right),i \in N \tag{4-1}$$

$$Q(r) = \begin{cases} 0,r < a \\ \dfrac{r-a}{b-a},a \leqslant r \leqslant b \\ 1,r > b \end{cases} \tag{4-2}$$

式中:$i=1,2,\cdots,n$,w_i 为因素 U_i 的加权值,参数对 (a,b) 的取值为 $(0.3,0.8)$,$(0,0.5)$,$(0.5,1)$,分别对应 3 个模糊语义量化准则"大多数""至少半数""尽可能多"。

d. 由定义 2 计算各三角模糊数 $\widetilde{a}_{ij}$ 的期望值 $E(\widetilde{a}_{ij})$,并根据计算出的各期望值大小将三角模糊数互补判断矩阵 $\widetilde{\boldsymbol{A}}=(\widetilde{a}_{ij})_{n \times n}$ 的每一行进行排序,得到矩阵 $\widetilde{\boldsymbol{B}}=(\widetilde{b}_{ij})_{n \times n}$。

e. 根据定义 2 计算出 $\widetilde{d}_i$ 的期望值 $\widetilde{d}_i^{(\lambda)}$:

$$\widetilde{d}_i^{(\lambda)} = \frac{1}{2} \times [(1-\lambda) \times d_i^L + d_i^M + \lambda d_i^U] \tag{4-3}$$

f. 将由式(4-3)计算出的各期望值 $\widetilde{d}_i^{(\lambda)}$ 进行归一化处理,所得结果即为各

风险因素的权重：$W' = (w_1', w_2', \cdots, w_n')$

$$w_i' = \frac{\tilde{d}_i^{(\lambda)}}{\sum\limits_{i=1}^{n} \tilde{d}_i^{(\lambda)}} \tag{4-4}$$

式中：$i = 1, 2, \cdots, n$，w_i' 为因素 U_i 的权重。

③确定指标权重。

a. 结合煤矿瓦斯超限治理响应过程可靠性分析的相关研究，建立煤矿瓦斯超限治理响应过程可靠性评价指标，如图 4-4 所示。

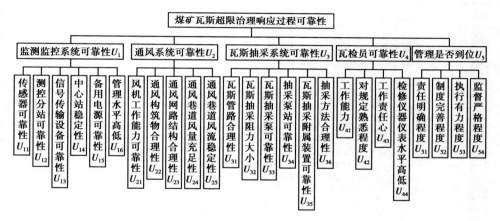

图 4-4　煤矿瓦斯超限治理响应过程可靠性评价指标体系

b. 依据对煤矿相关专业人士的调查问卷数据，建立三角模糊数互补判断矩阵，见表 4-3—表 4-8。

表 4-3　准则层 U_1、U_2、U_3、U_4、U_5 指标三角模糊数互补判断矩阵

U	U_1	U_2	U_3	U_4	U_5
U_1	(0.4,0.5,0.6)	(0.4,0.5,0.6)	(0.4,0.5,0.6)	(0.5,0.6,0.7)	(0.5,0.6,0.7)
U_2	(0.4,0.5,0.6)	(0.4,0.5,0.6)	(0.5,0.6,0.7)	(0.5,0.6,0.7)	(0.5,0.6,0.7)
U_3	(0.4,0.5,0.6)	(0.3,0.4,0.5)	(0.4,0.5,0.6)	(0.5,0.6,0.7)	(0.5,0.6,0.7)
U_4	(0.3,0.4,0.5)	(0.3,0.4,0.5)	(0.3,0.4,0.5)	(0.4,0.5,0.6)	(0.4,0.5,0.6)
U_5	(0.3,0.4,0.5)	(0.3,0.4,0.5)	(0.3,0.4,0.5)	(0.4,0.5,0.6)	(0.4,0.5,0.6)

表 4-4 监测监控系统可靠性指标三角模糊数互补判断矩阵

U_1	U_{11}	U_{12}	U_{13}	U_{14}	U_{15}	U_{16}
U_{11}	(0.4,0.5,0.6)	(0.1,0.2,0.3)	(0.6,0.7,0.8)	(0.1,0.2,0.3)	(0.4,0.5,0.6)	(0.5,0.6,0.7)
U_{12}	(0.7,0.8,0.9)	(0.4,0.5,0.6)	(0.5,0.6,0.7)	(0.2,0.3,0.4)	(0.7,0.8,0.9)	(0.6,0.7,0.8)
U_{13}	(0.2,0.3,0.4)	(0.3,0.4,0.5)	(0.4,0.5,0.6)	(0.2,0.3,0.4)	(0.6,0.7,0.8)	(0.5,0.6,0.7)
U_{14}	(0.7,0.8,0.9)	(0.6,0.7,0.8)	(0.6,0.7,0.8)	(0.4,0.5,0.6)	(0.7,0.8,0.9)	(0.6,0.7,0.8)
U_{15}	(0.4,0.5,0.6)	(0.1,0.2,0.3)	(0.2,0.3,0.4)	(0.1,0.2,0.3)	(0.4,0.5,0.6)	(0.5,0.6,0.7)
U_{16}	(0.3,0.4,0.5)	(0.2,0.3,0.4)	(0.3,0.4,0.5)	(0.2,0.3,0.4)	(0.3,0.4,0.5)	(0.4,0.5,0.6)

表 4-5 通风系统可靠性指标三角模糊数互补判断矩阵

U_2	U_{21}	U_{22}	U_{23}	U_{24}	U_{25}
U_{21}	(0.4,0.5,0.6)	(0.7,0.8,0.9)	(0.6,0.7,0.8)	(0.2,0.3,0.4)	(0.2,0.3,0.4)
U_{22}	(0.1,0.2,0.3)	(0.4,0.5,0.6)	(0.1,0.2,0.3)	(0.6,0.7,0.8)	(0.6,0.7,0.8)
U_{23}	(0.2,0.3,0.4)	(0.7,0.8,0.9)	(0.4,0.5,0.6)	(0.7,0.8,0.9)	(0.7,0.8,0.9)
U_{24}	(0.6,0.7,0.8)	(0.2,0.3,0.4)	(0.1,0.2,0.3)	(0.4,0.5,0.6)	(0.4,0.5,0.6)
U_{25}	(0.6,0.7,0.8)	(0.2,0.3,0.4)	(0.1,0.2,0.3)	(0.4,0.5,0.6)	(0.4,0.5,0.6)

表 4-6 瓦斯抽采系统可靠性指标三角模糊数互补判断矩阵

U_3	U_{31}	U_{32}	U_{33}	U_{34}	U_{35}	U_{36}
U_{31}	(0.4,0.5,0.6)	(0.6,0.7,0.8)	(0.1,0.2,0.3)	(0.7,0.8,0.9)	(0.5,0.6,0.7)	(0.4,0.5,0.6)
U_{32}	(0.2,0.3,0.4)	(0.4,0.5,0.6)	(0.3,0.4,0.5)	(0.6,0.7,0.8)	(0.2,0.3,0.4)	(0.3,0.4,0.5)
U_{33}	(0.7,0.8,0.9)	(0.5,0.6,0.7)	(0.4,0.5,0.6)	(0.4,0.5,0.6)	(0.7,0.8,0.9)	(0.5,0.6,0.7)
U_{34}	(0.1,0.2,0.3)	(0.2,0.3,0.4)	(0.4,0.5,0.6)	(0.4,0.5,0.6)	(0.5,0.6,0.7)	(0.6,0.7,0.8)
U_{35}	(0.3,0.4,0.5)	(0.6,0.7,0.8)	(0.1,0.2,0.3)	(0.3,0.4,0.5)	(0.4,0.5,0.6)	(0.2,0.3,0.4)
U_{36}	(0.4,0.5,0.6)	(0.5,0.6,0.7)	(0.3,0.4,0.5)	(0.2,0.3,0.4)	(0.6,0.7,0.8)	(0.4,0.5,0.6)

表 4-7 瓦检员可靠性指标三角模糊数互补判断矩阵

U_4	U_{41}	U_{42}	U_{43}	U_{44}
U_{41}	$(0.4,0.5,0.6)$	$(0.4,0.5,0.6)$	$(0.1,0.2,0.3)$	$(0.4,0.5,0.6)$
U_{42}	$(0.4,0.5,0.6)$	$(0.4,0.5,0.6)$	$(0.1,0.1,0.2)$	$(0.3,0.4,0.5)$
U_{43}	$(0.7,0.8,0.9)$	$(0.8,0.9,0.9)$	$(0.4,0.5,0.6)$	$(0.6,0.7,0.8)$
U_{44}	$(0.4,0.5,0.6)$	$(0.5,0.6,0.7)$	$(0.2,0.3,0.4)$	$(0.4,0.5,0.6)$

表 4-8 管理是否到位指标三角模糊数互补判断矩阵

U_5	U_{51}	U_{52}	U_{53}	U_{54}
U_{51}	$(0.4,0.5,0.6)$	$(0.6,0.7,0.8)$	$(0.6,0.7,0.8)$	$(0.5,0.6,0.7)$
U_{52}	$(0.2,0.3,0.4)$	$(0.4,0.5,0.6)$	$(0.2,0.3,0.4)$	$(0.4,0.5,0.6)$
U_{53}	$(0.2,0.3,0.4)$	$(0.6,0.7,0.8)$	$(0.4,0.5,0.6)$	$(0.7,0.8,0.9)$
U_{54}	$(0.3,0.4,0.5)$	$(0.4,0.5,0.6)$	$(0.1,0.2,0.3)$	$(0.4,0.5,0.6)$

c. 根据 FOWA 权重确定方法, 计算出一级指标及指标层中各因素的权重, 即

$W' = (w_1', w_2', w_3', w_4', w_5') = (0.213, 0.230, 0.213, 0.172, 0.172)$;

$W_1' = (w_{11}', w_{12}', w_{13}', w_{14}', w_{15}', w_{16}') = (0.147, 0.214, 0.145, 0.244, 0.122, 0.129)$;

$W_2' = (w_{21}', w_{22}', w_{23}', w_{24}', w_{25}') = (0.192, 0.175, 0.283, 0.175, 0.175)$;

$W_3' = (w_{31}', w_{32}', w_{33}', w_{34}', w_{35}', w_{36}') = (0.193, 0.134, 0.208, 0.160, 0.134, 0.170)$;

$W_4' = (w_{41}', w_{42}', w_{43}', w_{44}') = (0.226, 0.198, 0.346, 0.230)$;

$W_5' = (w_{51}', w_{52}', w_{53}', w_{54}') = (0.317, 0.191, 0.281, 0.211)$。

由以上权重确定结果可知,"监测监控系统可靠性""通风系统可靠性"及"瓦斯抽采系统可靠性"对煤矿瓦斯超限治理响应过程可靠性均有较大的影响。

同时,结合瓦斯超限原因的统计结果可知,煤矿瓦斯超限治理响应过程可靠性的提升应该从"监测监控系统可靠性""通风系统可靠性"及"瓦斯抽采系统可靠性"方面切入。另外,瓦斯检测员可靠性的提高及相关管理工作的加强也不可忽视。

4.5　本章小结

①简要阐述了瓦斯超限的危险性,分析了瓦斯超限的一般原因及说明了瓦斯超限的一般治理措施,包括"通风系统可靠""瓦斯抽采达标""管理工作到位"及"其他方面的措施"等。

②通过对调研收集的煤矿瓦斯超限事故分析处理报告进行整理,总结出了现阶段"监控系统响应"与"人工响应"两类煤矿瓦斯超限事故治理响应的总体过程;同时发现,现阶段的响应过程存在着"瓦斯超限持续时间较长"及"瓦斯超限过程中达到的最高浓度值较大"两方面的问题,即在及时性与可靠性方面有待提升。

③通过对建立的应急响应数学模型进行分析,得出了煤矿瓦斯超限治理响应过程及时性方面提升的途径;另外,运用 FOWA 方法对煤矿瓦斯超限治理响应过程可靠性影响因素进行分析,并结合整理的调研数据,明确了瓦斯超限治理响应过程可靠性方面提升的方向。

第5章　基于反馈响应的自组织安全管理模式研究

　　煤矿瓦斯爆炸灾前危机应急响应机制不仅需要稳定可靠的快速反馈控制机制,还离不开适应快速反馈与快速控制目的的自组织安全管理模式的形成。本章通过自组织理论原理,结合瓦斯爆炸灾前应急响应负反馈控制机理,提出基于反馈响应的自组织安全管理模式,并进行相应研究。

5.1　自组织理论原理

　　1)耗散结构理论
　　耗散结构理论是关于耗散结构的生成与演化规律的理论,主要内容为一个开放系统如何由混沌向有序转化,外界环境如何与系统进行物质与能量的交换及外界环境如何影响自组织系统等。而耗散结构为基于与环境发生物质与能量交换关系的结构,如城市、生命等。耗散结构的3个基本特征包括远离平衡态、系统的开放性及系统内不同要素间存在非线性机制等。
　　2)协同学理论
　　协同学是在一定外界条件下,系统内各子系统之间进行非线性相互作用产生协同效应,使系统从混沌无序状态向有序状态转化、从低级有序向高级有序转化,以及从有序转化为混沌的机理和共同规律。研究对象为各类子系统组成的复杂开放系统所共有的系统性,研究内容为复杂系统宏观特质的质变问题及系统内部各要素之间的协同机制。自组织过程是基于系统各要素间的协同,而系统产生新结构的直接根源为系统内各序参量之间的竞争与协同作用。协同学理论包括协同效应原理、伺服原理。系统临近不稳定点时,是否稳定通常取决于少数几个序参量;而自组织原理所呈现的是复杂系统在其演化的同时如何在内部各要素的自主协同作用下达到宏观有序客观规律。

3)突变论

突变论是基于稳定性理论,考察某种过程从一种稳定状态到另一种稳定状态的跃迁。从一种稳态经过不稳定态向新的稳态跃迁即为突变过程,即便为同一过程,对应于同一控制因素临界值,仍会出现不同的突变结果,即所达到的新的稳态有若干种,而达到每种新稳态的概率也各不相同。系统会由原先的稳态向新的稳态跃迁,而其内部各要素间的独立运动及协同运动也会进入均势阶段,此时,即便存在的涨落很微小,但这种涨落也会迅速被扩大为巨大的,波及整个系统的涨落,从而使系统更有力地进入有序状态。

本章基于自组织理论的协同学理论与突变论,对基于反馈响应的,煤矿自组织安全管理模式的形成及演化机理等进行研究。

5.2　煤矿安全管理分析

5.2.1　我国主要的煤矿安全管理模式

煤矿安全管理工作在有效实现煤矿安全目标、防止事故发生上起着至关重要的作用,目前我国主要的煤矿安全管理模式如下所述。

1)2S 安全管理模式

基于方圆论与安全需求层次论,并倡导"自己安全自己管,指望别人不保险"的安全理念的 2S 安全管理模式被新汶矿业集团有限责任公司广泛使用,2S 安全管理模式遵循"禁止违规生产,增强自主安保水平,从而进行安全的煤矿生产,力争让全体职工在生产生活中将安全视为第一需求"宗旨。2S 安全管理模式包括"圆"管理与"方"管理,其中"圆"管理包括"正(正向引导教育)、学(创建安全学习型企业)、标(4 个标准化)、联(岗位区域联责,职工安全联保)、预(超前预防)、故(开展向事故学习活动)、纠(纠正岗位责任管理中的错位)、细(推行精细化作业,创建精品工程)","方"管理包括"控(实施计算机安全信息监控)、制(制定执行内部管理制度)、设(加大以装备为主的各项安全投入)、估(安全评估)"。

2)煤矿安全管理五化模式

煤矿安全管理五化模式主要体现在"安全理念人本化、精细管理规范化、责任落实系统化、危害预防超前化、现场管理制度化"。

安全理念人本化:建立并推行科学的安全管理理念与人性化管理制度,大力构建安全文化,将新内容、新形式与新方法注入安全宣传教育工作中。

精细管理规范化:对全矿人员实行安全绩效考核,即进行安全管理打分考核制度;进行安全隐患与工程质量否决制的完善,构建以隐患跟踪闭合处理制度与隐患否决产量进尺制度为主的闭合管理;同时需加大对特殊工程如零散工程、单项工程、应急工程等的管理力度。

责任落实系统化:各班组成立负责小组,负责小组由安检员、瓦检员、质检员及跟班干部组成;各班组应持续使联保工作制度得以完善,坚持超前预防预测,有针对性地阻止危险生产,禁止为赶进度而突击盲目作业。

危害预防超前化:务必保障安全预警机制的完善,以现场调研与危险源辨识为工作重点。煤矿各工种及作业危险源的辨识与预防措施要认真拟定并实时更新,需确保周全的危险源数据库及可靠的监控网络,从而在更大程度上提升安全评价与危害辨识水平。要有科学的安全禁区及合理的安全作业规程,以便于职工能够更好地进行作业。

现场管理制度化:加大现场监督检查力度,及时排查处理现场隐患,认真贯彻落实安全工作并有效执行对应的规程措施。

3）煤矿 PLS 安全管理模式

以人为本激活员工的内在动力（点，POINT）：要使企业员工思想由"要我安全"向"我要安全"转变并树立有安全需求的思维模式，教导员工不只在思想上要重视，更要在生产过程中予以落实。同时，为了能够激发员工内在的潜力，企业务必制订并实施科学的劳动用工制度。

纵向制订岗位工作程序（线，LINE）：严禁实施粗放式的、凭主观靠经验式的管理模式，制定有效的操作规范规程及各项规章制度规范管理行为，并使相应的保障机制得到逐步建立与完善，确保集约化、合理化经营的实现及煤矿企业竞争力的提升。

水平横向管理（面，SURFACE）：以"提高煤矿企业经济效益"为目的并依据现代市场环境，结合企业自身需要重新界定原有的管理责任制度，并以部门的自身特点为依据，突出现场管理、技术管理及监督管理的侧重点。

4）基于 OHSMS 的煤矿安全管理模式

OHSMS 与传统的煤矿安全管理模式有机结合的管理模式，其关键点为煤矿企业管理者尤其是决策者，务必提高自身管理意识，整合管理体系，始终以绩效作为评判标准，构建科学的管理模式。实现煤矿 OHSMS 有效运行的对策包括：整合型管理体系的框架结构须进行合理设计，煤矿各级管理者的现代化管理意识要有一定的提高并构建基于过程的整合型管理体系，并且谨防在体系策划的过程中，目标、指标、风险管理、管理方案与煤矿传统管理脱节，有效运用OHSMS 的监督保障机制。

5）煤矿本质安全管理模式

煤矿本质安全管理模式主要体现在"人员、设备、环境、管理"4 个方面，具体如下所述。

人员的本质安全管理模式：加强管理人员的自身素质的提升，增强职工的安全技术水平，使职工的安全责任与规范操作意识得到很大程度的深化，以"减人提效"机制促进安全生产。

设备的本质安全管理模式:努力推行"科技兴安、兴矿"战略,加快信息化、数字化的建设进度,增强装备机械化、智能化建设。

环境的本质安全管理模式:对生产作业空间实行"6S"管理模式,即"整理、清洁、准时、规范、素养、安全",使作业环境的安全可靠性得以提升,突出环境本质安全创建的侧重点。

管理的本质安全管理模式:积极推行目标管理、精细化管理及管理创新,增大以执行力为主线的安全文化的建设力度。

5.2.2　煤矿安全管理模式分析

以上 5 种煤矿安全管理模式都能够有效地遵循事故致因理论、现代安全管理理论和人本安全原理,均从"人员、设备、环境、管理"4 个方面全面进行安全管理,并运用了预防事故原理中的"可能预防原理""选择对策原理"等,同时 5 种模式均是基于系统原理、人本原理、动力原理等理论。5 种模式在预防事故发生上均起到了关键性的作用,但它们都是较为传统的煤矿企业安全管理模式,并未考虑到煤矿企业管理系统的开放性、非线性等自组织特性,属于静态的管理模式。因此,本章将从自组织理论原理出发,提出基于反馈响应的煤矿自组织安全管理模式,主要内容包括:煤矿自组织安全管理模式构成要素及其关系、形成过程及演化机理等。

5.3　煤矿自组织安全管理模式构成要素及其关系

5.3.1　模式构成要素分析

现阶段,学术界中存在许多关于煤矿自组织安全管理模式构成的相关研究理论,然而要基于系统工程理论,在对模式的构成要素进行分析时须以模式的特性与主体目标为依据,同时确保各构成要素的隶属程度相同。

系统即为由两个或两个以上的若干组成部分形成的具有特定功能的有机整体,这些组成部分相互作用、相互依赖。系统是一种集合体,由若干元素(构成要素)组合而成,一般在需要完成某种特殊功能时将会运用到系统。所以,每一项工作的完成都离不开对应的一个具有某种特殊功能的体系的总和,而这个体系是由人员、设备、环境、原材料、方法等许多要素集成(耦合),要素与要素之间发生相互作用。系统在构成要素间相互联系、相互渗透、相互促进的特定关系的作用下达到自身最终目的;而构成要素间的特定关系的破坏将会导致工作被动与发生不必要的损失。

为解决煤矿的安全生产问题,煤矿企业制定一整套系统的管理理念、管理方法、管理程序、管理制度体系,即煤矿安全管理模式。煤矿安全管理模式在结构及运行过程中呈现出高度复杂性,它是以"保障企业安全生产"为出发点,由人力资源因素、管理机制因素、安全文化因素等构成的一种系统,具有一定的自组织特性。

本章基于反馈响应的原理与安全管理模式的结构特点,结合第 2 章所提出的煤矿瓦斯爆炸灾前危机应急响应模式,将基于反馈响应的煤矿自组织安全管理模式内部构成要素划分为"监控(系统平台)、调度机构""瓦斯治理相关部门""井下作业人员""传感器"4 个子系统。

5.3.2　各构成要素关系分析

依据基于反馈响应的煤矿自组织安全管理模式和煤矿瓦斯爆炸灾前危机应急响应模式,当井下出现瓦斯爆炸灾前异常时,"井下作业人员"或"传感器"需将井下的瓦斯浓度数据反馈给"监控(系统平台)、调度机构",而"瓦斯治理相关部门"需要根据"监控(系统平台)、调度机构"对其做出的决策进行相应的响应动作,所以"监控(系统平台)、调度机构"是反馈响应的枢纽。因此,本章所建立的基于反馈响应的煤矿自组织安全管理模式由"监控(系统平台)、调度

机构""瓦斯治理相关部门""井下作业人员""传感器"4 个子系统组成,其中以
"监控(系统平台)、调度机构"为核心,"瓦斯治理相关部门""井下作业人员"
"传感器"围绕"监控(系统平台)、调度机构"相互交错、影响融合、持续改进,如
图 5-1 所示。

1)"监控(系统平台)、调度机构"的核心作用

①"监控(系统平台)、调度机构"与"瓦斯治理相关部门"。在瓦斯灾害灾
前(即瓦斯浓度出现异常情况)的过程中,"监控(系统平台)、调度机构"发现或
接收到井下瓦斯浓度异常(尤指瓦斯超限)报警信号后,需根据瓦斯浓度异常情
况对"瓦斯治理相关部门"作出准确的决策指令;而"瓦斯治理相关部门"需按
照"监控(系统平台)、调度机构"作出的决策指令立即进行相应的人工干预行
为,包括加强井下通风量、加大井下瓦斯抽采量等并将瓦斯的治理情况实时汇
报至"监控(系统平台)、调度机构",同时"监控(系统平台)、调度机构"要时刻
关注井下瓦斯情况是否恢复至正常状态以及是否命令"瓦斯治理相关部门"停
止实施人工干预行为。

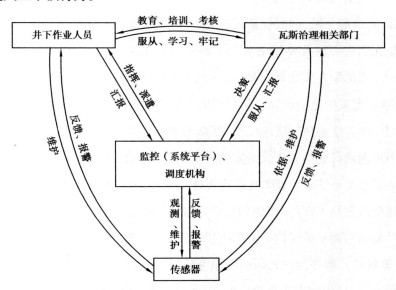

图 5-1　基于反馈响应的煤矿自组织安全管理模式构成要素关系图

②"监控(系统平台)、调度机构"与"井下作业人员"。"井下作业人员"(尤其是瓦检员)在井下作业过程中,当发现生产空间瓦斯浓度出现异常情况(尤其是瓦斯超限)时,应立即组织停电、撤离并将情况汇报至"监控(系统平台)、调度机构";"监控(系统平台)、调度机构"也要指挥好"井下作业人员"的停电、撤人行为并派遣相关人员查明瓦斯浓度异常的根源所在。

③"监控(系统平台)、调度机构"与"传感器"。"传感器"是监测监控系统的重要组成部分,将瓦斯浓度数据实时反馈至监控终端,即"监控(系统平台)、调度机构",甚至在出现异常情况时会向终端发出报警信号;而"监控(系统平台)、调度机构"可通过观测"传感器"所反馈的瓦斯浓度数据总体走势情况来预测井下瓦斯浓度出现异常情况的可能性,并根据预测情况考虑是否发出相应的指令或作出相应的决策等,同时"监控(系统平台)、调度机构"需注意传感器元器件本身是否存在异样,并指挥相应的人员进行一定的维护修理等。

2)其他构成要素的相互关系

①"瓦斯治理相关部门"与"井下作业人员"。"瓦斯治理相关部门"是煤矿企业瓦斯防治的关键,同时也是瓦斯灾害自组织响应的重要一环,而"井下作业人员"是瓦斯灾害的首要作用对象。因此,"瓦斯治理相关部门"应加强对"井下作业人员"的职业安全教育培训,包括如何合理作业以避免诱发瓦斯灾害以及在瓦斯灾害发生之前的异常阶段如何采取措施进行应急响应等,在条件允许的情况下,煤矿企业领导层应授权"瓦斯治理相关部门"自主安排对"井下作业人员"不定期进行瓦斯灾害安全防治方面的考核;而"井下作业人员"务必认真学习、牢记并无条件服从煤矿瓦斯灾害防治相关条例,规范进行井下作业,按时参加"瓦斯治理相关部门"组织的培训及考核活动。

②"瓦斯治理相关部门"与"传感器"。"传感器"是检测、记录并反馈瓦斯浓度等参数的元器件,而"瓦斯治理相关部门"在进行瓦斯防治等工作时也要以"传感器"所记录的数据为重要依据,因此,"瓦斯治理相关部门"在日常工作中要注重"传感器"的维护管理等工作,比如:定期调试、校正,审阅监控系统的监

测日报表等。

③"井下作业人员"与"传感器"。"传感器"不仅有检测、记录及反馈瓦斯浓度等参数的功能,在井下瓦斯浓度出现异常时还会发出报警信号"告知""井下作业人员"立即进行响应行为,包括停电、撤离等;因此,"井下作业人员"在井下作业过程中应小心谨慎,避免出现因作业不规范而导致"传感器"的损坏或故障等,同时应留意"传感器"悬挂处支护是否良好,有无滴水现象等。

5.4　煤矿自组织安全管理模式形成过程及演化机理

对基于反馈响应的煤矿企业自组织安全管理模式的形成过程及演化机理进行分析研究,有助于我们明确建立煤矿自组织安全管理模式的工作方向及大致工作过程。

5.4.1　模式形成过程分析

根据唯物辩证法的观点,事物形成的源泉与动力是事物的内因,而事物发展、变化的另一个原因为事物的外因。本章所提出的基于反馈响应的煤矿自组织安全管理模式也是如此,而由于本章所研究的煤矿自组织安全管理模式是在反馈响应的立场上进行,因此对该管理模式形成的内因与外因的界定为:组成该管理模式的 4 个构成要素的自身条件因素为模式形成的内因,企业的管理状况为模式形成的外因。

4 个构成要素,即"监控(系统平台)、调度机构""瓦斯治理相关部门""井下作业人员""传感器"的自身条件因素是管理模式形成的内因,主要包括:测控分站可靠性、信号传输设备可靠性、中心站稳定性、备用电源可靠性、工作能力、对规定的熟悉程度、工作责任心、检修仪器仪表水平高低、通风系统可靠性、瓦斯抽采系统可靠性、人员文化水平、人员安全意识、人员专业素质、敏感元件可靠性、测量及变换电路稳定性、转换元件可靠性、电源可靠性、安全设备的合理程度、日常维护情况等。

企业的管理状况是管理模式形成的外因,主要包括:责任明确程度、制度完善程度、执行有力程度、监督管理程度、管理水平高低等。

通过内因与外因的共同作用,基于反馈响应的煤矿自组织安全管理模式逐渐形成,形成过程如图 5-2 所示。

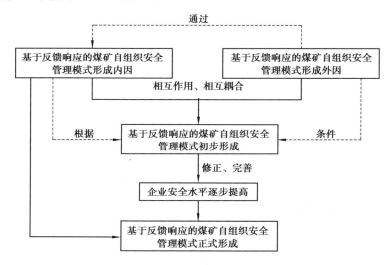

图 5-2 基于反馈响应的煤矿自组织安全管理模式形成过程

"监控(系统平台)、调度机构"受测控分站可靠性、信号传输设备可靠性、中心站稳定性、备用电源可靠性、管理水平高低等因素的影响;"瓦斯治理相关部门"受通风系统可靠性、瓦斯抽采系统可靠性、人员文化水平、制度完善程度等因素的影响;"井下作业人员"受工作能力、对规定熟悉程度、工作责任心、检修仪器仪表水平高低、人员专业素质、监督严格程度等因素的影响;"传感器"受敏感元件可靠性、测量及变换电路可靠性、转换元件可靠性、电源可靠性、日常维护情况等因素的影响。

基于反馈响应的煤矿自组织安全管理模式是动态变化的,在运行过程中需要持续修正、完善,并且任何一个构成要素都不是相互独立的,都可能对其他构

成要素产生作用；同时，该模式是一个开放性的系统，它的运行管理要与外界的
环境相适应；另外，该模式具有一定的自组织性，属于"非线性系统"范畴，具体
表现在该模式的构成是"监控（系统平台）、调度机构""瓦斯治理相关部门""井
下作业人员""传感器"的长期相互耦合，是非结构化的有机整体，与外界环境具
有一定的联系性，也是难以效仿的。

　　综上所述，基于反馈响应的煤矿自组织安全管理模式处于复杂的动态过程
中，并由"监控（系统平台）、调度机构""瓦斯治理相关部门""井下作业人员"
"传感器"构成，可通过自组织理论揭示 4 个构成要素如何协同形成该安全管理
模式。

5.4.2　模式演化机理分析

　　基于反馈响应的煤矿自组织安全管理模式的演化机理如图 5-3 所示，该图
诠释了煤矿自组织安全管理模式的演化方向，其中的点状为管理模式的内因与
外因，包括测控分站可靠性、信号传输设备可靠性、中心站稳定性、备用电源可
靠性、管理水平、工作能力、对规定熟悉程度、工作责任心、检修仪器仪表水平、
通风系统可靠性、瓦斯抽采系统可靠性、人员文化水平、人员安全意识、人员专
业素质、敏感元件可靠性、测量及变换电路可靠性、转换元件可靠性、电源可靠
性、安设的合理程度、日常维护情况、责任明确程度、制度完善程度、执行有力程
度、监督严格程度等因素，它们相互之间有着自组织的自然演化关系。

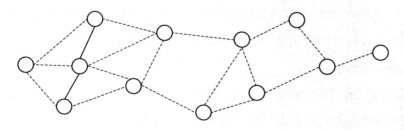

图 5-3　基于反馈响应的煤矿自组织安全管理模式演化方向

1）煤矿自组织安全管理模式自然演化规律分析

煤矿自组织安全管理模式的自然演化实际上是一种自组织的演化，是存在于煤矿自组织安全管理模式中复杂的动态变化的集中体现，而如此复杂的动态变化又是由非线性所致；同时，这样的自组织演化是该安全管理模式适应外因、环境变化的本质机制。在模式进行演化的过程中，组成模式的各构成要素通过相互作用生成某种特定的规律来适应模式所处的外部环境（即"外因"）并根据外部环境的改变改善自身特性以增强模式的学习及自适应能力。随着演化过程的进行，煤矿自组织安全管理模式的自身特性、状态、运行机制、结构等都会发生变化与提升。换句话说，模式的自组织演化趋势是由其本身的特性决定，而不以人的主观意志为转移。由此可知，模式的自组织演化就是该模式内部作为非线性且远离平衡态的开放系统，在外界条件达到某种程度时，通过组成模式的各构成要素的相互作用，从以往混沌无序状态转化为一种在时空或功能上有序状态的动态过程。

在煤矿自组织安全管理模式运行之初，企业职工或许对其了解甚少或一知半解，他们不清楚自己该如何具体地进行相应的工作，但是随着工作的不断推进，他们逐渐探索到一种关于自组织安全管理模式的高效、合理的工作方法，通过相互沟通交流，久而久之便形成了一种定格了的工作模式，明晰了自己在工作岗位上具体该做什么样的工作，并且当这种定格了的工作模式使得煤矿企业的安全水平持续提升时，该工作模式将自然而然地被大众接受。它起初仅为职工们的经验之谈，最终则毋庸置疑地演化为一种工作机制并深入人心。自组织安全管理模式的自然演化是一个内部动态过程，而其演化的趋势、结果等仍受其内外因素的影响。

"传感器"的可靠性将会影响到"监控（系统平台）、调度机构"的可靠性，进而影响到所建立的安全管理模式的可靠性及灾前应急响应的及时性，因而可能会增加事故发生的概率；"井下作业人员"的可靠性提高将会对管理模式可靠性的增强及灾前应急响应的及时性、有效性起到关键作用，如果"井下作业人员"

在发现井下灾前征兆时未及时反馈,那么可能会对灾前应急响应造成一定程度的延滞,从而增长了事故发生的可能性;"监控(系统平台)、调度机构"虽为模式的核心构成要素,但该要素有着决策、指示的责任,倘若该要素在接收到灾前异常报警信号时未及时有效地作出决策响应,同样也会影响到灾前应急响应的及时性,难以及时阻止事故的发生;"瓦斯治理相关部门"是灾前应急响应的关键一环,引入人工干预的速度越慢,就越影响灾前应急响应的及时性,从而导致事故发生。综上所述,建立基于反馈响应的煤矿自组织安全管理模式势在必行,同时以上都可看作管理模式演化的动力来源、演化方式、演化前景等。

以上是对煤矿自组织安全管理模式的自然演化规律的分析,模式的演化强调的是人的主导能动作用,通过个体之间的相互学习、交流促进自组织管理模式的形成与发展;归根结底,自组织安全管理模式的自然演化离不开其内外因共同作用,内因为组成该管理模式的 4 个构成要素的自身条件因素,外因为企业的管理状况。

2)自然演化的基本原理

具有开放性与自适应性的煤矿自组织安全管理模式,是在多重循环机制的作用下形成的复杂有机整体。该模式所具备的结构、特性、形态、功能等均为其自然演化的结果,而不是组成该模式的各个要素所拥有的,它们也是通过模式内的各个要素相互作用而在整体性上突现出来的并自下而上自发形成的。煤矿自组织安全管理模式的自然演化存在着两种趋势:一种为从混沌无序变为稳定有序;一种为由稳定有序变为混沌无序或再变为新的稳定有序。从自组织理论中的协同学观点出发,各构成要素之间的协同作用力可用下面公式表示:

$$F = \sqrt{F_1^2 + F_2^2 + 2F_1F_2\cos\theta} \qquad (5\text{-}1)$$

由式(5-1)可知,当 $\theta=0$,即 $\cos\theta=1$ 时,$F=F_1+F_2$,表示两个力的方向一致时合力最大且方向一致;当 $\theta=\pi$,即 $\cos\theta=-1$ 时,$F=F_1-F_2$,表示两个力的方向相反时合力的大小等于两力之差,且方向为较大的力的方向,并且若 F_1 与 F_2 大小相等,合力便为 0。从这一力学规律可以得出一个重要的启示:如果组成煤矿自组织安全管理模式的各构成要素的目标、信念等一致,即要素之间有着共同的发展目标,那么模式协调有序的发展才有可能使秩序的形成得到保障。煤矿自组织安全管理模式的自然演化是协调有序的动态发展,既是各要素相互作用的结果,又是模式本身加速发展的内需。

3)模式的自然演化中执行力的自组织模型

基于反馈响应的煤矿自组织安全管理模式就是煤矿企业经过一定的有效自然演化与循序渐进的更新,使得该管理模式具备了新的特质,能够自主地与环境相适应并不断自我学习、自我完善。该管理模式虽然也属煤矿安全管理模式的范畴,但由于煤矿自组织管理模式相较于其他煤矿安全管理模式具有不同的特质。就目前煤矿的安全防护现状来看,该模式是煤矿安全水平提升的关键。自组织管理模式是一种自我组织、自我发展的内在机制,一旦生成,其演化就具备一定的惯性及路径依赖性。所以,煤矿生产单位在生成该模式的同时务必充分理解该模式的一些重要特性,比如:互动性、自组织性及演进的不确定性等,将该模式落实到生产实践中。

煤矿自组织安全管理模式的形成是管理模式内的一个内部生成过程,外部对管理模式的作用是一致的。基于此,我们构建了一个针对煤矿自组织安全管理模式执行力的形成架构,如图 5-4 所示。

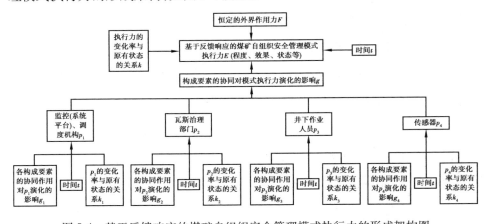

图 5-4　基于反馈响应的煤矿自组织安全管理模式执行力的形成架构图

　　假定外界对企业系统的作用力大小恒定,其变化不针对个别企业发生作用的改变而改变,而是自身的随机变化。自组织安全管理模式即为煤矿企业的内部自组织运动过程,各个构成要素间的相互作用促进了该模式的形成及演化。基于自组织理论中的协同学理论,假定外界对企业系统的作用力是恒定的,由此构建煤矿自组织安全管理模式的描述模型。在模型中,我们视基于反馈响应的煤矿自组织安全管理模式建设为企业安全管理深层次的重点工作。而煤矿自组织安全管理模式的执行力,即为不违背煤矿企业单位安全管理总体方针的情况下完成自组织安全管理模式建设计划目标的操作能力,它是煤矿企业安全水平提升的核心。该模式是一个有机整体,其中包括“监控(系统平台)、调度机构”“瓦斯治理相关部门”“井下作业人员”“传感器”4 个构成要素。模式执行力自组织运动模型如下所述。

$$\frac{\mathrm{d}E}{\mathrm{d}t} = -kE + g(p_1, p_2, p_3, p_4) + F \tag{5-2}$$

$$\frac{\mathrm{d}p_i}{\mathrm{d}t} = -k_i p_i + g_i(p_1, p_2, p_3, p_4) \quad (i = 1, 2, 3, 4) \tag{5-3}$$

式中　p_1, p_2, p_3, p_4——“监控(系统平台)、调度机构”“瓦斯治理相关部门”“井
　　　　　　下作业人员”“传感器”;

　　　　E——煤矿自组织安全管理模式的执行力;

　　　　k——E 的变换率与原有状态的关系;

　　　　k_i——p_i 的变化率与原有状态的关系;

　　　　g——所有构成要素的协同对模式执行力演化的影响;

　　　　g_i——各构成要素的协同作用对 p_i 演化的影响;

　　　　F——恒定的外界作用力;

　　　　t——时间。

　　模型中,$\dfrac{\mathrm{d}E}{\mathrm{d}t}$ 为煤矿自组织安全管理模式形成及演化结果,其受企业系统原有状态影响及外界的作用,更离不开各构成要素的基本功能的协同作用影响;

式(5-3)分别解释了各构成要素的基本功能在企业内部的演化情况,它呈现出模式内部的自组织作用机制,每个构成要素受自身原有状态的影响与全部构成要素功能的协同作用的影响。各构成要素基本功能的演化及煤矿自组织安全管理模式的形成与企业系统的自组织过程密不可分,同时任何构成要素基本功能的演化又会导致其他构成要素基本功能的演化,就这样相互作用、相互联系,而煤矿自组织安全管理模式正是在这种相互作用、相互联系中形成及演化。所以,煤矿自组织安全管理模式形成与演化,是模式通过其构成要素基本功能的自组织运动过程,从原有的状态功能转换为新的状态功能的结果。

煤矿自组织安全管理模式的自然演化过程不可逆转,由耗散结构理论,得:

$$ds = ds_e + ds_i \tag{5-4}$$

当系统与环境间熵的交换 ds_e(负熵)的绝对值大于系统内部熵的增加时,即 $|ds_e| \geqslant ds_i$ 且 $ds_i \geqslant 0$,有 $ds < 0$。将式(5-4)对时间 t 求导,得:

$$\frac{ds}{dt} = \frac{ds_e}{dt} + \frac{ds_i}{dt} \tag{5-5}$$

式(5-5)中,称 ds_e/dt 为负熵流,称 ds/dt 为系统熵减流。ds/dt 的大小决定了系统的演化速度。$|ds/dt|$ 越大,系统演化速度越快。显而易见,自组织管理模式的自然演化系统也是一个有"势"系统,模式的自然演化过程也是由这种"势"造就的,其中,"势"的大小取决于该模式演化过程中给企业系统带来的安全水平提升的程度。

4)演化机理

基于反馈响应的煤矿自组织安全管理模式,即为在灾前异常阶段需要进行响应的情况下,响应模式中的各部分能够及时、有效地自我响应,将灾害的发展扼制在异常阶段的一种安全防护模式。而组成该模式的 4 个构成要素,即"监控(系统平台)、调度机构""瓦斯治理相关部门""井下作业人员""传感器"的可靠性的提升是该模式进行演化的动力。"井下作业人员"或"传感器"能够在第一时间将井下灾前异常信号反馈至"监控(系统平台)、调度机构","监控(系统平台)、调度机构"第一时间根据反馈的异常情况对"瓦斯治理相关部门"进行决策、指挥并且"瓦斯治理相关部门"第一时间进行有效的人工干预从而实现灾前响应,如果这样的安全管理模式运行一段时间后煤矿企业的安全水平得到一定程度的提升,那么这样的管理模式将会为企业管理人员、企业职工等人所接受,并且该模式在运行的过程中根据实际情况的变化对它进行一定程度地修正、完善,使该模式逐渐成为一种工作机制并深入人心。而由于"监控(系统平台)、调度机构"是煤矿自组织安全管理模式的枢纽,因此煤矿自组织安全管理模式演化的核心是"监控(系统平台)、调度机构"的可靠性的提升。

5.5　本章小结

本章通过自组织理论原理并结合瓦斯爆炸灾前应急响应负反馈控制机理提出了基于反馈响应的煤矿自组织安全管理模式并对该模式进行了一定的研究,主要内容如下:

①该模式包含"监控(系统平台)、调度机构""瓦斯治理相关部门""井下作业人员""传感器"4 个构成要素,并且这 4 个构成要素以"监控(系统平台)、调度机构"为核心,"瓦斯治理相关部门""井下作业人员""传感器"围绕"监控(系统平台)、调度机构"相互交错影响融合、持续改进。

②在对该模式形成的内因与外因进行界定的基础上,依据唯物辩证法的观点,得出基于反馈响应的煤矿自组织安全管理模式是在内因与外因的共同作用下形成的。

③通过对该模式自然演化规律及原理进行分析、对该模式的自然演化中执行力的自组织模型进行构建,得出该模式即为在灾前异常阶段需要进行响应的情况下,响应模式中的各部分能够及时、有效地自我响应,将灾害的发展扼制在异常阶段的一种安全防护模式,该模式演化的核心是"监控(系统平台)、调度机构"的可靠性的提升。

第6章　煤与瓦斯突出事故防治理论基础

煤炭作为我国能源消费的主要组成部分,在国家能源安全和经济发展中占据着举足轻重的地位。贵州省煤炭产业的重要性:贵州省蕴藏着丰富的煤炭资源,是中国重要的煤炭生产基地,同时还赋存着丰富的煤层气资源。随着煤炭开采的深入,煤与瓦斯突出事故的频发不仅对矿工的生命安全构成了严重威胁,也对煤炭产业的稳定和可持续发展带来了挑战。鉴于此,开展贵州省煤与瓦斯突出事故防治技术研究,对于提升煤矿安全生产水平、保障能源供应安全具有重要的实践价值和理论意义。

通过对贵州省煤与瓦斯突出事故概况进行分析并提出切实可行的预防和控制措施,为贵州省乃至全国的煤矿安全生产提供参考和借鉴。通过分析研究,我们期望能够为减少煤矿事故、保护矿工生命安全、推动煤炭产业可持续发展作出贡献。

6.1　煤与瓦斯突出理论基础

煤与瓦斯突出,作为一种复杂的煤矿灾害现象,其发生关系到矿工的生命安全以及煤炭工业的可持续发展。为了更好地理解和预防这类事故,必须掌握其基本原理。

1)煤与瓦斯突出的定义、分类与特征

煤与瓦斯突出是指在煤矿开采过程中,由于地应力和瓦斯压力的共同作用,导致煤层中的瓦斯突然大量释放并伴随煤体破裂喷出的现象。根据突出的规模和性质,突出事故通常被分为局部突出和大型突出,每种类型都有其特定的特征和危害程度。

2)突出事故的地质与物理机制

突出事故的发生与地质条件紧密相关。地质构造、煤层厚度、瓦斯含量以及地应力等地质因素,都是影响煤与瓦斯突出的关键。物理机制方面,煤层的破裂和瓦斯的扩散过程,以及它们与围岩的相互作用,共同导致了突出的发生。

3)影响煤与瓦斯突出的关键因素

煤与瓦斯突出的发生受到多种因素的影响,包括地质因素如煤层结构、煤层埋深、地应力状态,以及开采因素如工作面布局、开采方法、瓦斯抽采效率等。此外,环境因素和人为因素,如矿井通风条件、安全管理制度的执行力度,也会对突出风险产生影响。

4)安全风险因素分析方法

通过构建数据统计表,我们可以对收集到的数据进行系统的整理和分析,以发现数据之间的相关性和规律。我们可以分析不同风险因素之间的相关性,从而识别出最可能导致事故的关键因素。

5)预防与控制措施的研究进展

为了减少煤与瓦斯突出事故的发生,研究者和工程师们已经开发了一系列预防性技术和控制措施,主要包括:第一,预防性技术的研究与应用,包括瓦斯抽采技术、煤层注水与加固技术等,这些技术旨在降低瓦斯浓度和改善煤层的稳定性;第二,预测预警系统的发展与优化,主要通过监测瓦斯浓度、地应力和其他关键指标,预测预警系统可以提前发现突出的征兆,从而采取预防措施;第三,控制措施的实施与效果评估,包括应急响应计划和救援机制的建立,对于事故发生后的快速反应和有效控制至关重要。同时,对已实施措施的效果进行评估,可以不断优化和调整安全管理策略。通过这些研究进展,我们能够更好地理解煤与瓦斯突出事故的复杂性,并为煤矿安全管理提供科学依据和技术支持。

6.2　系统动力学理论基础

系统动力学创建于 1956 年,美国麻省理工学院(Massachusetts Institute of Technology,MIT)的福瑞斯特教授以系统论、控制论、信息论为基础,对系统内在的因素进行分析研究,从而得到各因素之间因果反馈特点,简称 SD(System Dynamics)。20 世纪 90 年代,系统动力学开始在世界范围内广泛传播和应用,Roberts 首先将系统动力学运用在项目管理上,很快系统动力学在安全领域得到了广泛应用,如图 6-1 所示。

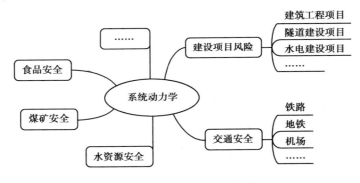

图 6-1　系统动力学应用领域

系统动力学建模是为了解决问题,通过建模来增加对系统内部的反馈关系与内部因素行为的理解。对于系统动力学主要有需要认识的两大模块,一个是因果回路图,另一个是存量流量图。因果回路图主要是一个因果关系表,反映了系统各因素间的关系,对系统进行定性描述,也是系统动力学的推理基础。存量流量图是对因果关系图的进一步深化,它通过建立方程式将系统各因素的数据变化展现出来。

因果回路图是系统动力学中表示系统反馈的重要工具,也是建模基础,图 6-2 为常见符号。图中的变量通过箭头和符号相连,若变量是正反馈则用(+)表示,它表示原因和结果是正相关关系,*A* 增则 *B* 增;若变量为负反馈则用(-)

表示,它表示原因和结果是阻碍关系,A 增 B 不一定增。对于一个系统的正负性通常取决于负反馈的个数,若负反馈为偶数则系统为正系统,反之为负系统。

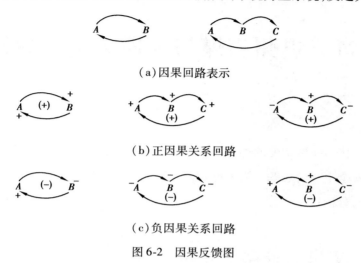

（a）因果回路表示

（b）正因果关系回路

（c）负因果关系回路

图 6-2　因果反馈图

6.3　本章小结

本章具体阐述了煤与瓦斯突出相关理论基础,"煤与瓦斯突出的定义、分类与特征""突出事故的地质与物理机制""影响煤与瓦斯突出的关键因素""安全风险因素分析方法"以及"预防与控制措施的研究进展"。同时具体说明了系统动力学理论的来源、应用领域以及建模所需因果回路图的定义等,为后续煤与瓦斯突出事故安全风险系统动力学识别奠定基础。

第7章 贵州省煤与瓦斯突出事故概况

贵州省作为我国重要的煤炭产区,煤与瓦斯突出事故的频繁发生一直是该地区煤矿安全生产的难题。为了更好地理解这一问题,本章对历史事故数据进行了统计与分析。

7.1 历史事故数据统计与分析

2013—2024 年,贵州省煤与瓦斯突出事故的统计数据显示了一系列重要的安全问题,表 7-1 和图 7-1 是根据搜索结果整理的统计表和分析图,2024 年未发生事故,因此表中未列出。

表 7-1 近 10 年贵州省煤与瓦斯突出事故统计表

年份	事故单位	死亡人数	诱发因素	矿井类型
2013 年 1 月 18 日	六盘水市盘县金佳煤矿	13	风镐作业	突出
2013 年 3 月 12 日	六盘水市贵州格目底矿业有限公司马场煤矿	25	煤体掉落	突出
2013 年 11 月 2 日	毕节市金沙县黄水坝煤矿	7	支护作业	低瓦斯
2014 年 1 月 4 日	黔西南州晴隆县中营镇中田煤矿	4	打钻作业	突出
2014 年 4 月 18 日	六盘水市盘县湾田煤矿	7	割煤作业	突出
2014 年 5 月 25 日	六盘水市水城县玉舍镇六枝工矿集团玉舍煤业	8	掘进作业	突出
2014 年 6 月 11 日	六枝工矿(集团)公司新华煤矿	10	爆破作业	突出

续表

年份	事故单位	死亡人数	诱发因素	矿井类型
2014 年 10 月 5 日	永贵能源公司黔西新田煤矿	10	掘进作业	突出
2015 年 8 月 11 日	黔西南布依族苗族自治州普安县政忠煤矿	13	爆破作业	突出
2015 年 11 月 6 日	毕节市金沙县新化乡贵源煤矿	6	出渣作业	突出
2017 年 3 月 7 日	毕节市文家坝二矿	4	掘进作业	突出
2017 年 7 月 15 日	贵州金沙龙凤煤业有限公司	3	煤体掉落	突出
2017 年 12 月 5 日	黔西南州兴义市久兴煤矿	5	爆破作业	低瓦斯
2018 年 8 月 6 日	贵州省六盘水市盘州市梓木戛煤矿	13	断层作业	突出
2019 年 7 月 29 日	贵州浙商矿业集团有限公司修文县六广镇龙窝煤矿	4	掘进作业	突出
2019 年 11 月 25 日	贵州万峰矿业有限公司织金县三甲乡三甲煤矿	7	爆破作业	突出
2019 年 12 月 17 日	贵州省黔西南州安龙县广隆煤矿	16	打钻作业	乡镇
2021 年 4 月 9 日	贵州省毕节市金沙县东风煤矿	8	掘进作业	突出
2021 年 10 月 8 日	永贵能源开发有限责任公司百里杜鹃风景名胜区金坡乡黔金煤矿	2	掘进作业	突出
2022 年 3 月 2 日	贵州强盛集团投资有限公司清镇市流长乡利民煤矿	8	矿井作业	兼并重组建设
2023 年 3 月 19 日	贵州省黔西市谷里镇清明村鑫昇煤业谷里煤矿	6	矿井作业	突出

　　由以上事故统计数据可见，从 2013 年到 2023 年，贵州省每年都有记录的煤与瓦斯突出事故，这呈现出贵州省煤与瓦斯突出事故的高发性。事故导致的死亡人数不一，从 1 人到 25 人不等，其中 2013 年 3 月 12 日的事故造成的死亡人数最多，达到 25 人，这表明煤与瓦斯突出事故的严重性和不可预测性。死亡人数总体呈一起一落之势，主要以 2017 年和 2019 年为两个拐点，尤其是在技

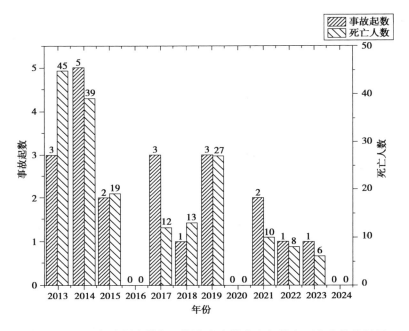

图 7-1　近 10 年贵州省煤与瓦斯突出事故发生起数和死亡人数分析图

术或管理措施未能及时更新的矿区。高死亡事故往往与特定的高风险操作(如爆破作业)相关,这些操作在没有充分的安全措施下进行时,事故后果尤为严重。多数事故诱因与作业管理不善相关,如防突措施不足、瓦斯等级评定失误等。事故类型包括由打钻、爆破等高风险操作引发的突出事故,这暴露了操作安全控制的明显不足。事故涉及的矿井类型多样,包括煤与瓦斯突出矿井、乡镇煤矿、兼并重组建设矿井以及正常建设矿井。

贵州省煤与瓦斯突出事故的统计数据和分析表明,尽管近年来安全生产意识有所提高,但煤矿安全管理仍需进一步加强,特别是在技术措施和安全监管方面。通过持续的努力和改进,我们可以期待未来煤矿安全生产形势的进一步好转。

7.1.1　事故的类型与特点

煤与瓦斯突出事故在贵州省的煤矿中不仅频繁发生,而且后果往往很严重。根据事故发生的规模和影响范围,我们通常将它们分为两大类:局部突出和大规模突出。局部突出虽然影响的范围相对较小,但依然能对近距离的作业人员构成威胁;相比之下,大规模突出的后果则更为严重,有时候甚至能威胁到整个工作面乃至整座矿井的安全。

贵州省的煤与瓦斯突出事故特点如下所述。第一,它们的突发性非常强,往往在没有任何预兆的情况下突然发生,给预防和应对带来了极大的挑战。第二,这些事故的发生难以预测和控制,常常由煤层中瓦斯的不均匀分布或是地质构造的复杂性引起。第三,由于贵州省的地质条件特殊,煤与瓦斯突出事故在这里发生的频率和严重性都较高,这对矿区的安全管理提出了更高的要求。

在实际应对中,煤与瓦斯突出事故的预防和控制工作需要综合考虑地质情况、矿井布局、通风系统等多方面因素。对于贵州省来说,加强瓦斯抽采和监测、优化矿井通风系统、提升员工应急处置能力等措施,对于降低事故发生的频率和严重性至关重要。

7.1.2 影响因素的初步探讨

在分析了历史事故数据和事故类型之后,我们对影响煤与瓦斯突出事故的关键因素进行了初步探讨。地质构造、煤层厚度、瓦斯含量和压力、地应力状态等地质因素,以及开采方法、工作面布局、通风系统设计等开采因素,均为影响事故发生的重要因素。此外,人为因素,如安全意识、操作规程的执行、监测预警系统的建设和维护等,也在事故的发生中起到了决定性作用。

贵州省煤与瓦斯突出事故的概况显示了这一问题的复杂性和严重性。通过对历史数据的统计分析和对事故类型及影响因素的探讨,能够更深入地理解事故发生的背景,并为未来的安全改进工作提供方向。

7.2 贵州省煤与瓦斯突出事故预防与控制对策

在贵州省,丰富的煤炭资源成为了当地经济的重要支柱。然而,随之而来的煤与瓦斯突出事故也成为了制约煤炭行业发展的一大难题。对此,制订有效的预防与控制对策不仅是保障矿工安全的基本要求,也是促进煤炭产业可持续发展的关键。

7.2.1 技术与管理对策

1)技术对策

监测预警系统是煤矿安全管理的重要组成部分,它通过安装在矿井中的各种传感器实时监测井下的环境状况,如瓦斯浓度、温度、风速等关键指标。一旦监测到异常情况,系统会立即发出预警信号,进而为采取应急措施争取宝贵时间。贵州省的煤矿监测系统正在逐步完善,但为了提高系统的覆盖范围和响应速度,还需要进一步的技术升级和优化。这包括采用更先进的传感器技术,提高数据传输的实时性和准确性,以及加强数据分析能力,以便更准确地预测和预警潜在的安全风险。

支护与加固技术是确保矿井巷道稳定性的重要手段。在贵州省的煤矿中,这些技术的应用已经取得了一定的成效。通过使用锚杆、锚索、支架等支护设备,可以有效地增强巷道的稳定性,防止因地质变动引发的突出事故。由于贵州省煤矿地质条件的复杂性,现有的支护技术仍需不断探索和改进,以适应不同的地质环境。这可能涉及新型材料的研发、支护结构的优化设计,以及施工技术的创新。通过这些措施进一步提高矿井的安全性并减少事故发生。

2)管理对策

贵州省煤矿企业应建立一个以全面的风险管理为核心的安全管理体系,包括风险识别、风险评估、风险控制和风险监测 4 个关键环节。通过风险识别,明确煤矿作业中可能遇到的各种风险因素;接着,通过风险评估,确定哪些风险因素可能导致严重后果;风险控制可使得员工及时采取有效措施降低风险发生的可能性;风险监测可使得员工检查风险控制措施效果得以定期进行并根据实际情况进行调整。安全管理体系还应包括事故报告和调查程序,以便从事故中学习经验,不断改进安全管理措施。

员工的安全意识和操作技能是煤矿安全的关键所在。贵州省煤矿企业应定期对员工进行安全培训,包括新员工的入职安全教育、在职员工的持续安全教育和特殊作业的安全技能培训。培训内容应涵盖煤矿安全知识、操作规程、应急处置技能等。还应通过模拟事故演练、安全知识竞赛等形式,提高员工的安全意识和应急处置能力。为了确保培训效果,企业应建立培训效果评估机制,定期检查员工的安全知识和操作技能是否达到要求。

有效的应急响应对于减少事故造成的人员伤亡和财产损失至关重要。贵州省煤矿企业应制订详尽的应急响应计划,包括事故预警、紧急撤离、现场救援、医疗救护、事故调查和恢复生产等环节。企业应配置足够的救援设备和物资,如救护队、救护车、救援设备等,并定期进行应急演练,确保一旦发生事故,能够迅速有效地进行救援。

法规制订与执行是提高煤矿安全管理水平的基础。贵州省应根据国家有关煤矿安全生产的法律法规,结合本省实际情况,制订更为严格的煤矿安全管理规定,并确保其得到有效执行。政府应加强对煤矿企业的监管,确保企业遵守安全生产法规,及时纠正违法违规行为。同时,政府还应通过政策支持和激励措施,鼓励煤矿企业加大安全生产投入,推广应用新技术、新工艺。例如,政府可以提供财政补贴、税收减免等优惠政策,激励企业改善安全生产条件。

7.2.2　综合对策与实施策略

贵州省煤矿安全管理需要政府、企业和社会各界的共同努力。通过技术、管理和政策的综合运用,形成全方位的煤矿安全防控体系。这要求政府加强法规制订和执行,企业建立和完善安全管理体系,社会各界提供技术支持和舆论监督。对策的实施需要明确的策略和步骤,包括制订详细的实施计划、合理分配资源、严格监督执行等。在实施过程中,应不断寻求改进和创新,引入新技术、改进管理方法,提升煤矿安全管理水平。

7.2.3 对策的实施效果评估与反馈

为了确保预防与控制对策的有效性,需要建立科学的评估体系。这个体系应包括定期的安全检查、事故率统计、员工安全知识考核等方法,以评估对策的实施效果。通过这些评估方法,可以及时发现问题,调整和完善对策。此外,还应通过案例研究,分析已实施对策的效果,总结经验教训,为持续改进提供依据。对策实施后,应持续监测其效果,并根据反馈进行调整,确保对策的有效性和适应性。

7.3 本章小结

①本章对 2013—2024 年贵州省煤与瓦斯突出事故进行统计分析,发现贵州省煤与瓦斯突出事故存在"突发性非常强""事故发生难以预测控制""发生频率与严重性高"等特点,同时,"地质构造"等地质因素、"开采方法"等开采因素与"安全意识"等人为因素在事故发生中起决定性作用。

②依据事故的统计分析结果,提出了"升级与优化监测预警系统""探索与改进支护加固技术"等技术对策以及"建立以风险管理为核心的安全管理体系""提高员工安全意识和操作技能""有效应急响应""法规制订与有效执行"等管理对策,同时具体阐述了对策的实施策略以及对策实施效果的评估与反馈方法。

第8章　贵州省煤与瓦斯突出事故安全风险系统动力学识别研究

煤与瓦斯突出是一个受多种因素综合影响的复杂的、非线性的、高维问题。本章通过对贵州煤炭行业的煤与瓦斯突出事故进行统计分析,探究了事故发生的影响因素及其相互作用;应用系统动力学(SD)理论和方法,建立了一个煤与瓦斯突出事故的安全风险系统模型并进行了仿真模拟,从理论与实践层面上为煤与瓦斯突出事故的防范工作提供借鉴。

理论方面,通过煤与瓦斯突出事故的案例分析,识别出关键影响因素,并利用系统动力学理论分析的优势,详细阐述了安全风险系统的结构和各因素之间的关系,从而深化了对煤与瓦斯突出事故安全风险系统的理论研究。

在实践层面,通过对安全风险系统进行动态仿真分析,本研究不仅验证了模型的有效性,还为煤矿安全管理和事故预防提出了预防煤与瓦斯突出事故的对策措施,以降低瓦斯突出事故的风险,从而减少甚至避免事故的发生,这对为政府部门和煤矿企业提供科学的决策支持以及保障矿工安全和煤矿可持续发展有着重要意义。

8.1　贵州省煤与瓦斯突出事故影响因素分析

贵州是一个地形复杂、地质条件多样的地区,煤与瓦斯突出的风险尤为显著。而煤与瓦斯突出事故是煤矿安全领域中最为严重的灾害之一,它不仅威胁矿工的生命安全,同时会对煤矿的生产造成经济损失。煤与瓦斯突出受多种因素共同影响,包括地质条件、作业方式、技术设备的应用与管理水平等。因此,深入分析这些影响因素,不仅能够帮助我们理解事故的成因,还能指导我们制订更为有效的预防措施,减少此类事故的发生,保障矿工的生命安全和煤矿的安全生产。

8.1.1 贵州省2013—2024年煤与瓦斯突出事故因素分析

通过近年来贵州煤矿发生的煤与瓦斯突出事故案例统计分析与文献检索,提取导致出煤与瓦斯突出事故发生的主要因素有:设备安全性、应急救援系统可靠性、监控报警系统可靠性、通风排水系统安全性、支护系统安全性、安全保护装置可靠性、瓦斯抽采系统可靠性、作业时的风速、瓦斯压力、煤层的瓦斯含量、温度、湿度、煤层倾角、坚固性系数、透气性系数、作业人员安全意识、作业人员文化水平、作业人员技能水平、作业人员技术风险、管理人员决策、作业人员心理因素、作业人员是否违规作业、作业人员是否冒险作业、设备管理、安全管理体系、设备安全措施有效性、安全监督和督导(监督部门对矿井安全生产的监督和检查力度、频率、效果)、四位一体综合防突措施、安全培训、设备维修频率等。本章将人员、设备、环境、管理归结为煤与瓦斯突出事故安全风险系统的4个子系统,并将上述主要因素划分为人员、设备、环境、管理4个因子,如图8-1所示。

通过进一步的系统分析和深入研究,得出煤与瓦斯突出事故各影响因素内部存在着一定的相互关系,这也反映出煤与瓦斯突出事故系统的动态复杂性如图8-2所示,因此,必须对影响煤与瓦斯突出事故的影响因子及其内在联系和相互作用的机理进行系统的分析和研究,同时这也是研究系统动力学的根本所在。

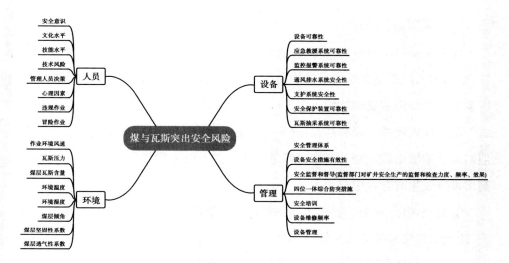

图 8-1　煤与瓦斯突出事故安全风险各子系统相关因子图

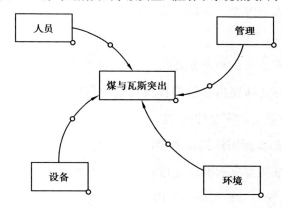

图 8-2　因素内在关联图

通过统计分析贵州煤与瓦斯突出事故案例发现，人员、设备、环境、管理 4 个方面的主要因素，虽然可以概括出事故的主要原因，但其中又包含着许多深层次的原因。如调查发现，由于企业组织管理混乱，漠视煤炭行业生产规程，造成煤矿企业违规操作导致煤与瓦斯突出事故较多；又如，由于煤矿企业安全教育培训不到位，职工生产安全意识不强，造成职工违章作业引发事故。总之，影响煤与瓦斯突出的各种因素都包含着许多影响因素，对各种影响因素的关联范围进行如下归纳。

1）人员因素关联范围

煤与瓦斯突出事故是煤矿安全中的重大隐患，不仅因为其自身存在危害性，还因为人员因素在这类事故中扮演了重要的角色。煤与瓦斯突出事故人员因素的关联范围主要包括但不限于以下几个方面：

①操作人员的技能和经验：煤矿工人的技能水平和经验丰富度直接影响到他们是否能够正确识别瓦斯超限等危险情况并及时采取措施，以及是否能够在突出事故发生时有效应对。

②安全培训：定期的安全培训和教育能够帮助矿工了解煤与瓦斯突出的风险，让他们掌握必要的安全知识和技能，提高他们的安全意识和自我保护能力。

③安全管理和监督：矿区管理者的安全管理和监督措施的有效性也是影响事故发生的重要人员因素。这包括建立完善的安全管理体系，执行严格的安全检查和监督程序等。

④决策者的安全文化和安全决策：矿区决策者的安全文化观念和安全投入决策对于预防煤与瓦斯突出事故同样具有重要影响。这包括是否重视安全投入，是否优先考虑员工的安全健康，是否建立了以人为本的安全文化等。

⑤应急响应和救援团队的准备情况：一旦发生煤与瓦斯突出事故，应急响应和救援团队的准备情况和响应速度将直接关系到救援成功与否，因此，他们的训练水平、准备状态和协作能力等因素也非常重要。矿区内部以及与外部救援力量的通信和协调机制也是关键因素之一，良好的通信和协调能够确保信息的及时传递和资源的有效配置。

2）设备因素关联范围

煤与瓦斯突出事故中的设备因素主要涉及矿井作业中使用的各种设备和技术的安全性、可靠性以及操作的正确性。设备因素在预防和控制煤与瓦斯突出事故中起到关键作用，主要关联范围包括：

①采掘设备的安全性能：采掘设备的设计和制造质量直接影响其安全性能。设备故障，如电器短路、机械故障等，可能触发瓦斯爆炸或者加剧突出事故

的严重性。

②通风系统设备:通风是控制煤矿瓦斯浓度的关键措施之一。通风系统的设计、安装和维护状况不良可能导致瓦斯积聚,增加发生突出事故的风险。

③瓦斯监测和控制系统:瓦斯监测和控制设备的可靠性对于早期识别瓦斯积聚和超限风险至关重要。监测系统的失效或误差可能导致对瓦斯危险的忽视,从而导致事故发生。

④采掘工艺与技术设备:采用的采掘工艺和相关技术设备,如高效切割机、液压支架等,其设计和操作方式对控制煤层和瓦斯的稳定性具有重要影响。

⑤救援和应急设备:应急救援设备的可靠性和救援队伍的装备情况对于事故发生时的应急响应能力至关重要。缺乏有效的救援设备可能导致救援行动的失败或延迟。

⑥设备的操作和维护:设备的不当操作和维护不足也是造成事故的重要因素。包括操作人员的培训不足、操作不当,以及维护保养计划的缺失或执行不到位等。

3)环境因素关联范围

煤与瓦斯突出事故的环境因素主要涉及地质条件、矿井环境以及煤层的特性等方面,这些因素共同决定了矿井的安全状况和发生突出事故的可能性。具体的关联范围包括:

①作业时风速:风速直接影响瓦斯在矿井中的扩散和排放,风速过低可能导致瓦斯积聚,增加突出风险。

②瓦斯压力:瓦斯压力高意味着瓦斯更易于从煤层中释放出来,这直接增加了突出的潜在风险。

③煤层瓦斯含量:煤层中的瓦斯含量高,煤体破裂时释放的瓦斯量也大,相应的突出风险也高。

④温度和湿度:这些因素影响煤层的物理特性及瓦斯的吸附和解吸,从而间接影响瓦斯的积聚和释放行为。

⑤煤层倾角:倾斜的煤层可能因为重力作用导致瓦斯分布不均,增加局部区域的瓦斯积聚,从而增加突出风险。

⑥坚固性系数和透气性系数:这些指标衡量煤层的物理强度和瓦斯扩散的容易程度。坚固性较低的煤层容易在开采过程中破碎,增加突出的可能性;而透气性好则有助于瓦斯的迅速排放,可能降低突出风险。

4)管理因素关联范围

煤与瓦斯突出事故的管理因素主要涉及煤矿企业的管理层面,包括安全管理体系、政策制定、员工培训、应急准备以及监督检查等方面。这些因素对于预防和控制煤与瓦斯突出事故至关重要。具体的关联范围包括:

①安全文化:企业的安全文化是预防事故的基础,包括安全优先的价值观念、员工的安全意识、以及对安全行为的鼓励和奖励机制。

②安全管理体系:完善的安全管理体系包括安全政策、程序和指导原则,确保安全管理措施的有效实施。这些体系应当涵盖所有操作流程,包括风险评估、隐患排查、事故预防以及应急响应。其中风险评估和隐患排查包括定期进行煤与瓦斯突出风险的评估和隐患的排查,是及时发现和解决问题的关键。通过系统的风险管理,可以识别和控制潜在的危险源。

③员工培训与教育:对员工进行定期的安全培训和教育,提高他们的安全意识和操作技能,特别是新员工的培训和对新技术、新设备的操作培训,能有效培养他们的安全意识。

④监督和检查:定期和不定期的安全检查可以确保安全措施的执行和维护,及时发现和纠正不安全行为和条件,防止事故的发生。

⑤应急准备和响应计划:建立和完善应急准备和响应计划,包括应急预案的制定、应急资源的配置、应急演练的实施等,以确保在事故发生时能够迅速有效地响应。其中沟通和信息共享包括保持良好的沟通机制和信息共享机制,确保安全信息和风险警告能够及时传达给所有相关人员。

8.1.2　贵州省煤与瓦斯突出事故影响因素的因子分析

上文分析了 4 个主要影响因素以及导致煤与瓦斯突出事故的各因素的关联范围,并通过对事故案例的调查分析,了解了 4 个主要因素中可以划分出的诸多原因导致系统复杂多变的原因,并对 4 个主要因素进行了分析。为了深入分析煤与瓦斯突出事故的原因与研究相关系统,需要详细探讨与这些事故相关的各个因素。下面对这些因子中的影响因素进行阐述分析。

1）人员的影响因素

煤与瓦斯突出事故是煤矿中最危险的事故之一,其发生往往与多种因素相关,包括关键人员的安全意识、文化水平、技能水平、技术风险、管理人员决策、心理因素、违规作业、冒险作业、安全培训等人员的影响因素。通过分析近年来发生的煤矿煤与瓦斯突出事故,发现人员的影响因素会对煤矿的生产安全产生直接的影响,以下是通过事故调查和查找文献得出的各人员因素:

①安全意识:人员安全意识不够是导致煤与瓦斯突出事故的主要人员因素之一。员工如果对潜在危险缺乏足够的认识,或对安全规程的重要性缺少理解,可能会导致危险操作的发生或忽视安全警示,进行违规作业和冒险作业,从而增加事故发生的风险。

②文化水平:文化水平影响了职工理解和吸收安全培训内容的能力。文化程度不够的员工,对复杂的安全指导和操作规程可能难以完全理解,以致在实际工作中无法正确地执行安全操作。

③技能水平:操作技能也是导致意外发生的一个关键性因素。缺乏必要的技能培训或缺乏实际操作经验的工作人员,面对突发状况时,可能会出现采取不正确安全措施的情况,从而使发生意外的可能性增大。

④技术风险:从业人员不熟悉或误操作使用的技术、设备,也会增加意外风险。技术风险既包括新装备难以使用的问题,也包括忽视旧装备潜在故障的问题。

⑤管理人员决策:管理层决策对煤矿安全具有决定性影响。错误的管理决策,如忽视安全警报、推迟维护或培训,或是压缩安全预算,都可能间接导致事故的发生。

⑥心理因素:员工的心理状态,如压力、疲劳等也是重要的影响因素。这些心理因素可能影响员工的判断和决策能力,会导致安全风险的增加。

⑦违规作业:违反操作规程的行为直接增加了事故发生的风险。员工可能因为急于完成任务、对规程的不满或是对风险的低估而采取违规操作。

⑧冒险作业:某些员工可能因为过于自信、追求效率或缺乏风险意识而进行冒险作业。这种行为有可能会导致事故的发生,不仅危及自身安全,也可能威胁他人的生命安全。

⑨安全培训:安全培训在提升人员安全意识方面发挥着至关重要的作用。通过系统的安全教育和实际操作训练,工作人员能够更好地理解和识别潜在的安全风险,从而在工作中采取正确的预防措施,从而提高了员工的安全意识,提高安全意识则会降低员工的违规率和冒险作业率,减少事故的发生。所以这一子系统内在关系如图8-3所示。

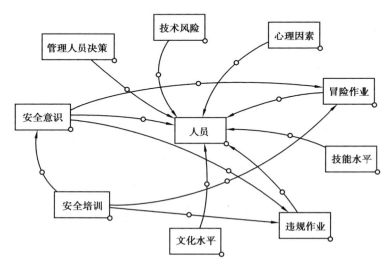

图8-3　人员因素内在关系图

2）设备的影响因素

煤与瓦斯突出事故的发生除与人员因素密切相关外,还受到设备因素的重要影响。以下是通过事故调查和查找文献得出的各个设备因素:

①设备安全性:设备安全性指的是煤矿使用的各种机械和设备的维护状况、操作安全性和故障率。设备的安全性不足,如故障频发、操作失误等,可能导致瓦斯积聚或突然释放,从而触发突出事故。

②应急救援系统可靠性:应急救援系统包括矿井逃生通道、安全仓、救援设备和通信系统等,这些系统的可靠性直接关系到事故发生时人员的安全撤离和救援效率。系统功能不全或响应不及时可能会加剧事故后果的严重性。

③监控报警系统可靠性:矿井内的监控报警系统用于实时监测瓦斯浓度、温度等关键安全参数。监控报警系统的可靠性对于及时发现安全隐患和预防突出事故至关重要。监控或报警功能的失效可能导致无法及时发现或响应安全威胁。

④通风排水系统安全性:良好的通风排水系统可以有效控制矿井内的瓦斯浓度和水害,保持矿井环境稳定。通风与排水系统设计不合理或维护不当可能导致瓦斯积聚或其他有害气体浓度增加,增加突出事故发生的风险。

⑤支护系统安全性:矿井支护系统保证开采过程中巷道和作业面的安全性。支护系统设计不当或执行不到位,可能导致巷道坍塌、煤层扰动增大,从而引发瓦斯快速释放或突出事故。

⑥安全保护装置可靠性:安全保护装置包括瓦斯检测仪器、自救器等个人和集体保护设备。这些装置的可靠性对于个人安全和及时应对突发状况至关重要。保护装置的故障或缺乏可能导致在紧急情况下无法有效保护员工安全。

⑦瓦斯抽采系统可靠性:瓦斯抽采系统用于控制煤矿内瓦斯浓度,防止瓦斯积聚达到爆炸或突出的临界值。系统的有效性和可靠性对于维护矿井内的安全至关重要。抽采系统的可靠性不足可能导致无法有效控制瓦斯浓度,增加突出事故的风险。

总之，上述设备和系统的安全性与可靠性是预防煤与瓦斯突出事故的关键。所以这一子系统内在关系如图8-4所示。

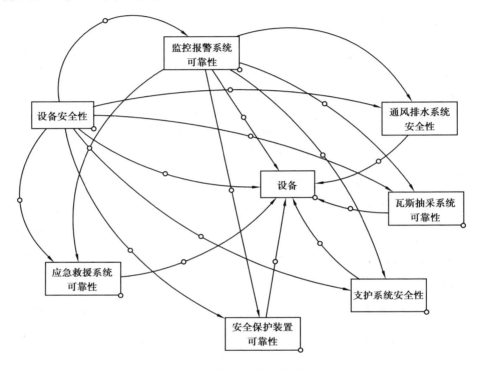

图8-4　设备因素内在关系图

3）环境的影响因素

煤与瓦斯突出事故的环境影响因素复杂且多样，直接关系到煤矿的安全生产。理解这些环境因素如何作用于煤与瓦斯突出的发生机理，对于制定有效的预防措施至关重要。通过事故调查和查找文献得出的各个环境因素如下所述。

①作业时的风速：作业区风速的大小对瓦斯的扩散和积聚有直接的影响。风速小可能造成煤层附近瓦斯积聚，煤与瓦斯突出危险性增大，风速过大可能造成瓦斯扩散过快，使得检测和控制难度增加。

②瓦斯压力：瓦斯压力大意味着瓦斯在煤层中释放的潜力很大，可能导致大量瓦斯快速释放，一旦煤层受到扰动或开采就有可能导致煤与瓦斯突出。

③煤层的瓦斯含量:煤层瓦斯富集程度的直接指标是瓦斯含量(瓦斯含量)。含量越高,储存在煤层中的瓦斯量越大,突出的潜在能量也就越大。

④温度:瓦斯的溶解度和扩散速率都会受到矿井内温度的影响。温度较高,会使煤中瓦斯溶解度降低,使瓦斯释放速度加快,瓦斯突出的危险性增大。

⑤湿度:湿度的大小对煤的物理性质的影响是非常大的。湿度大可能使煤炭的透气性降低,使瓦斯扩散受到限制,但同时也可能使煤炭在开采过程中机械强度降低、煤层更容易受到损害,进而导致煤与瓦斯突出。

⑥煤层倾角:煤层倾角对采煤方式、瓦斯流向路径等都会产生影响。倾角较大可能造成瓦斯控制难度加大,积聚瓦斯面积增大,使得煤与瓦斯突出危险性增大。

⑦坚固性系数:坚固性系数反映了煤层自身的物理稳定性。坚固性系数低的煤层更容易在开采过程中产生裂纹和破碎,促进瓦斯释放,提高突出风险。

⑧透气性系数:透气性系数高表明煤层内瓦斯易于迁移和扩散,有利于瓦斯的抽采和控制。然而,如果透气性过高,也可能导致瓦斯快速聚集到作业处,形成高浓度瓦斯区。

这些环境因素影响煤与瓦斯突出,对于管理人员采取有效的预防措施,降低事故发生的可能性具有重要意义。这一子系统内在关系如图 8-5 所示。

4)导致煤与瓦斯突出事故的管理影响因素

导致煤与瓦斯突出事故的管理影响因素复杂且多面,涉及设备、安全体系、培训、监督等多个层面。事故发生的概率可通过有效的管理措施显著降低。根据近 10 年的煤与瓦斯突出事故分析和查找文献得出的对导致煤与瓦斯突出事故的管理因素如下所述。

①设备管理:设备管理是指对煤矿设备的采购、使用、维护和报废等全生命周期的管理。不当的设备管理可能导致使用不适合或维护不良的设备,增加安全隐患,从而引发事故。

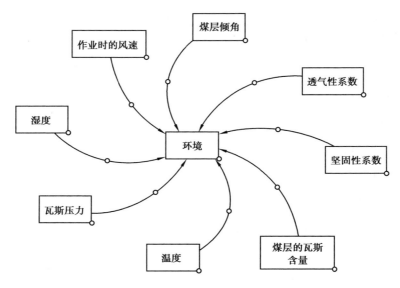

图 8-5　环境因素内在关系图

②安全管理体系：安全管理体系包括安全政策、程序、规范和实践的总体框架。健全的安全管理体系可保障安全措施的有效实施。缺乏或执行不力的安全管理体系可能导致安全漏洞，增加突出事故发生的风险。

③设备安全措施有效性：设备安全措施有效性涉及对设备安全保护措施的规划、实施和监督。如果设备的安全措施设计不当或执行不到位，可能无法防止事故的发生。

④安全监督和督导：安全监督和督导指对安全措施执行情况的检查和监控。有效的安全监督和督导使得安全隐患能够被及时发现并纠正。缺乏有效的监督可能导致安全措施的落实不到位。

⑤四位一体综合防突措施：四位一体综合防突措施是指突出危险性预测、防治突出措施、防治突出措施的效果检验和安全防护措施。这是我国总结的一套行之有效的防治煤与瓦斯突出的综合措施。突出危险性预测是指对煤与瓦斯突出的危险性进行预测和预报；防治突出措施指采取各种方式的预抽煤层瓦斯区域防突措施，如穿层钻孔或顺层钻孔预抽区段煤层瓦斯区域防突措施等；防突措施的效果检验是指对防突措施的效果进行检验和评估；安全防护措施是

指采取相应安全防护措施,确保作业人员的安全。如果有其中一个或多个"四位一体"防突措施不到位,则有可能导致煤与瓦斯突出事故发生。

⑥安全培训:安全培训包括对员工进行安全知识、技能和应急处理能力的培训。对于提升员工安全意识和应对能力,定期和全面的安全培训不可或缺。不足的安全培训或许导致员工在面对紧急情况时无法应对或反应不当。

⑦设备维修频率:设备维修频率反映了对设备进行检查和维护的频率和质量。适当的维修频率可以确保设备处于良好的工作状态,降低事故风险。不规律或不充分的维修可能导致设备故障,增加安全隐患。

管理层的策略和行为对于煤矿安全至关重要。通过实施和维护上述管理措施,可以大大降低煤与瓦斯突出事故的风险,确保矿工的安全和矿山的稳定运营。每个管理措施都需要定期审查和更新,以应对煤矿环境和技术的变化。这一子系统内在关系如图8-6所示。

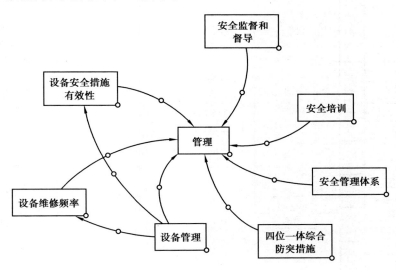

图 8-6　管理因素内在关系图

8.1.3　贵州省煤与瓦斯突出事故影响因子体系的构建

通过上述分析,建立了煤与瓦斯突出事故影响因子的体系结构,可以对煤矿煤与瓦斯突出事故影响因子之间的相互作用关系进行更直观的分析和研究，也可以为后续系统动力学模拟研究提供理论依据。

1）系统总体结构框图

煤与瓦斯突出事故系统因子的总体结构框图如图 8-7 所示，是通过分析人员、环境、设备和管理 4 个子系统的影响因子，将其整合到煤与瓦斯突出事故的总体系统中。本节我们将煤与瓦斯突出事故系统总结分为 3 个层次，对影响煤与瓦斯突出事故的各种关键因素都能从图中看得一清二楚。

图 8-7　煤与瓦斯突出事故安全风险系统因子总体结构框图

2）系统总关系图

煤与瓦斯突出事故安全风险系统因子总体结构框图（图 8-7）并没有说明因子之间的内在关联，因此还需要对因子之间的相互关系进行描述。通过系统动力学理论并在前文的子系统因子相互关系分析基础上，形成影响因子总关系图（图 8-8）。通过这张图，可以直观地了解煤与瓦斯突出事故安全风险系统的各种影响因子及其相互关系，从而对造成煤与瓦斯突出事故的深层次原因进行分析。

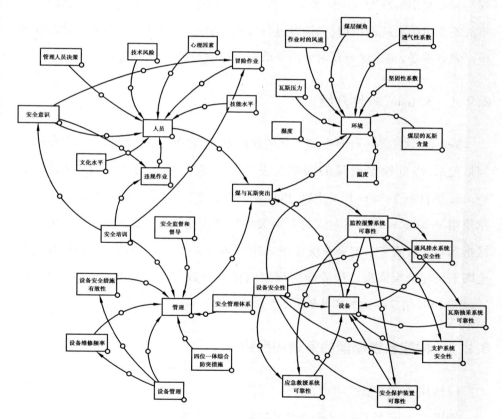

图 8-8　煤与瓦斯突出系统因子总关系图

8.2 贵州省煤与瓦斯突出事故安全风险系统动力学模型

煤与瓦斯突出事故的安全风险系统是一个复杂的动态系统,有多种因素的共同影响。本章以相关理论为基础,结合近10年贵州煤与瓦斯突出事故案例,对煤与瓦斯突出事故安全风险系统及其影响因素进行了统计分析,进而构建了煤与瓦斯突出事故安全风险系统。然后应用系统动力学理论,对煤与瓦斯突出事故安全风险系统的结构、变量等进行分析,确定变量方程,从而为随后的模型模拟做好准备,构建煤与瓦斯突出事故安全风险系统动力学模型。

8.2.1 Vensim 软件介绍

Vensim 软件是一种具有图形化的建模方法,它使用有向箭头表示变量间的因果关系,以此绘制变量的因果关系图并分析变量随时间变化的曲线图,Vensim 软件有 Vensim PLE,PLE Plus 等多种版本,可满足不同用户的需求。本章使用 Vensim PLE 版本对煤与瓦斯突出事故安全风险系统进行研究,通过连接指标变量与箭头来记录系统变量之间的因果关系,建立因果回路图、存量和流图来构建模拟模型。最后确定模型的仿真参数与变量方程进行模拟仿真。Vensim PLE 用户界面如图 8-9 所示。

8.2.2 构建系统模型的原理和目的

1)构建系统模型原理

使用 Vensim 软件构建贵州省煤与瓦斯突出事故安全风险系统模型主要基于系统动力学(System Dynamics,SD)理论。系统动力学是一种研究复杂系统内部反馈控制机制与动态行为模式的方法,它通过构建系统的因果关系图和流图来模拟系统的动态行为,进而分析系统行为变化的内在规律。Vensim 是一种被广泛应用于系统动力学研究的软件,它能够帮助研究人员建立模型、进行模拟仿真和政策分析。

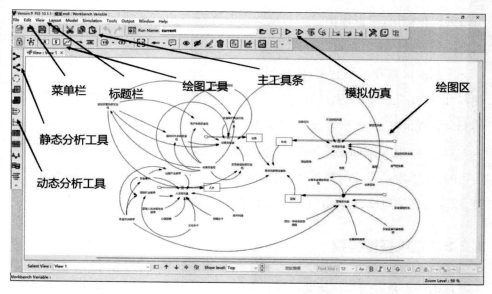

图 8-9 Vensim PLE 软件用户界面

2)构建系统模型的目的

使用 Vensim 软件构建贵州省煤与瓦斯突出事故安全风险模型的目的主要集中在以下几个方面:

①理解复杂系统的动态行为:煤与瓦斯突出事故的发生受多种因素影响,这些因素之间存在复杂的相互作用。系统动力学方法构建模型可以帮助研究者和管理者更好地认识复杂系统的动态特性,如各因素通过反馈循环相互影响,以及这种相互作用如何随时间发展影响整个系统,从而制订更有效的措施加以防范和控制。因此,系统动力学方法的应用,对于加强煤与瓦斯突出事故的防范和控制具有重要意义。

②预测事故风险和趋势:利用模型可以对煤与瓦斯突出事故风险的发展趋势进行预测,从而对当前管理措施和运行条件进行综合考核,可作为制订风险管理计划和应对策略的依据。

③评估风险管理策略：模型可以用来模拟不同的安全管理措施和技术干预的效果，比如提高通风效率、加强培训、投入更多的安全设备等。通过比较不同策略的模拟结果，可以评估它们对减少煤与瓦斯突出事故风险的潜在效果，从而支持更有效的决策制订。

④辅助决策和政策制定：模型提供了一个量化的工具，使政策制订者和管理者可以在虚拟环境中测试和评估不同的策略和措施。这有助于识别最有效的安全管理策略，优化资源分配，提高煤矿安全水平。

总之，使用 Vensim 软件构建贵州省煤与瓦斯突出事故安全风险系统模型的目的，在于通过系统的分析和模拟，为煤矿安全管理提供科学的决策支持工具，以降低事故风险，保障矿工安全和矿山的可持续发展。

8.2.3　系统模型构建

在构建贵州省煤与瓦斯突出事故安全风险系统模型时，应遵循以下原理和步骤：

①问题界定和系统边界的确定：首先明确研究的目的，界定模型研究的范围和内容，包括确定煤与瓦斯突出事故风险的主要影响因素和作用机制。

②构建因果反馈图：通过识别系统中各要素之间的相互关系，绘制因果反馈图。在煤与瓦斯突出事故中，需要考虑的因素包括瓦斯含量、通风系统效率、人员培训水平等，以及它们之间的相互作用。因果反馈图帮助识别正反馈（自增强）和负反馈（自平衡）循环，为模型的动态行为提供基础。

③构建流图模型：将因果反馈图转化为流图模型。流图通过存量（Level）、流量（Rate）、辅助变量（Auxiliary）和常数（Constant）等要素反映系统的结构和动态过程。在 Vensim 中，用户可以通过图形界面直接绘制流图，并设置相应的方程和参数。

④方程式的建立和参数化：基于实际数据和理论分析，为模型中的每一个变量和流量定义数学方程式，并确定相应的参数值。这一步骤要求准确理解各

因素之间的量化关系。

⑤模型的仿真与分析:利用 Vensim 进行模型的仿真运行,观察在不同条件下模型的动态行为,如煤与瓦斯突出事故风险随时间的变化趋势。通过模拟不同的管理政策和措施,分析其对事故风险的影响,从而为决策提供科学依据。

⑥模型验证和敏感性分析:通过与历史数据和实际情况的比较,验证模型的准确性和可靠性。同时,进行敏感性分析,评估不同参数变化对模型结果的影响,确保模型的稳健性。

通过上述步骤,使用 Vensim 软件构建的贵州省煤与瓦斯突出事故风险反馈模型能够为矿山安全管理提供定量分析工具,帮助管理者理解复杂系统的动态特性,制订有效的预防措施和应对策略。

因为涉及到较多的变量,尽管通过专家问卷调查能够计算出权重,但还是有一些变量不能用精确的数据来表述。因此,本章对煤与瓦斯突出事故安全风险系统的研究充分利用了软件对数据要求不高的特点,输入不同参数就能得出系统变化趋势。现给出如下假设,以保证研究的科学性和有效性。假设模型变量方程为各个指标(因素)×指标权重之和,如煤与瓦斯突出事故安全风险系统=人员子系统×人员子系统权重+环境子系统×环境子系统权重+设备子系统×设备子系统权重+管理子系统×管理子系统权重,由于文中与煤与瓦斯突出事故安全风险系统的相关指标(因素)较多,这里不一一列出。通过对煤与瓦斯突出事故风险的系统分析、结构分析及变量方程的建立,并对初始模型进行的仿真模拟,对其进行一致性检验,进而适当优化修正模型,构建出煤与瓦斯突出事故风险系统动力学模型,如图 8-10 所示。

8.3　仿真参数与仿真模拟

本章利用系统动力学复杂动态系统的优势及其定性与定量相结合的特点,对煤与瓦斯突出事故安全风险系统进行仿真模拟。结合前文对煤与瓦斯突出事故的影响因素分析,研究各个因素间的逻辑关系,从而构建出的煤与瓦斯突出事故安全风险系统模型,本章将在此基础上,确定模型中的仿真参数,从而利用系统动力学软件对模型进行仿真模拟,动态观测煤与瓦斯突出事故安全风险系统的变化趋势及其变化原因,制订预防煤与瓦斯突出事故的对策建议,为进一步提高煤矿企业生产安全水平提供参考意义。

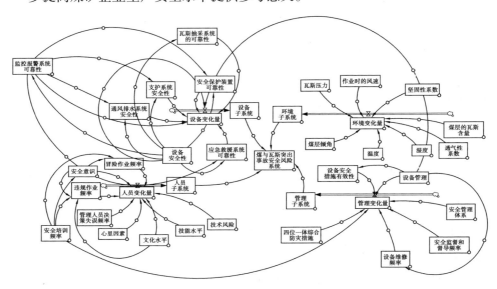

图 8-10　煤与瓦斯突出事故风险系统动力学模型

8.3.1　仿真参数的确定

1)反馈模型子系统因子权重的确定

本章采用层次分析法来确定各因子的权重,其中各因子的重要度定义表和次要度定义表见表 8-1、表 8-2。

表 8-1　重要度定义表

标度	含义
1	两个因素比较,程度具有同等重要性
3	两个因素比较,一个因素比另一个因素程度稍微重要

续表

标度	含 义
5	两个因素比较,一个因素比另一个因素程度明显重要
7	两个因素比较,一个因素比另一个因素程度特别重要
9	两个因素比较,一个因素比另一个因素程度极其重要
2,4,6,8	介于上述两个相邻判断的中值

表 8-2　次要度定义表

标度	含 义
1/3	两个因素比较,一个因素比另一个因素程度稍微次要
1/5	两个因素比较,一个因素比另一个因素程度明显次要
1/7	两个因素比较,一个因素比另一个因素程度特别次要
1/9	两个因素比较,一个因素比另一个因素程度极其次要
1/2,1/4,1/6,1/8	介于上述两个相邻判断的中值

　　根据重要度和次要度表,通过专家对煤与瓦斯突出事故安全风险的相关因素指标进行打分,得到表 8-3 的判断矩阵。

表 8-3　煤与瓦斯突出判断矩阵 AHP 数据

煤与瓦斯突出事故安全风险判断矩阵	人员	环境	设备	管理
人员	1.000	1.167	1.000	1.750
环境	0.857	1.000	0.857	1.500
设备	1.000	1.167	1.000	1.750
管理	0.571	0.667	0.571	1.000

在通过 SPSSAU 软件使用 AHP 层次分析法进行智能分析一致性检验结果通过后得出子系统人员、环境、设备、管理的权重分别为 29.167%,25.000%,29.167%,16.667%,如图 8-11 所示。

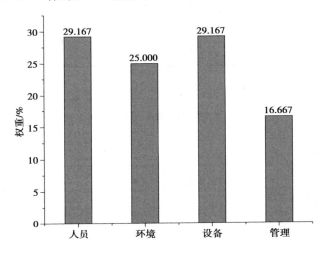

图 8-11　煤与瓦斯突出因素权重柱状图

同理,计算得到子系统中各因子权重见表 8-4。

表 8-4　子系统各因素权重表

子系统	变量名称	权重
设备	设备安全性因素对设备的影响权重	11.905%
	应急救援系统可靠性因素对设备的影响权重	11.905%
	监控报警系统可靠性因素对设备的影响权重	16.667%
	通风排水系统安全性因素对设备的影响权重	9.524%
	支护系统安全性因素对设备的影响权重	11.905%
	安全保护装置可靠性因素对设备的影响权重	16.667%
	瓦斯抽采系统可靠性因素对设备的影响权重	21.429%

续表

子系统	变量名称	权重
环境	作业时的风速因素对环境的影响权重	8.696%
	瓦斯压力因素对环境的影响权重	17.391%
	煤层的瓦斯含量因素对环境的影响权重	17.391%
	温度因素对环境的影响权重	8.696%
	湿度因素对环境的影响权重	8.696%
	煤层倾角因素对环境的影响权重	10.870%
	坚固性系数因素对环境的影响权重	13.043%
	透气性系数因素对环境的影响权重	15.217%
人员	人员安全意识因素对人员的影响权重	14.286%
	人员文化水平因素对人员的影响权重	10.714%
	人员技能水平因素对人员的影响权重	12.500%
	技术风险因素对人员的影响权重	10.714%
	管理人员决策因素对人员的影响权重	14.286%
	心理因素对人员的影响权重	8.929%
	冒险作业因素对人员的影响权重	14.286%
	违规作业因素对人员的影响权重	14.286%
管理	设备管理因素对管理的影响权重	12.766%
	安全管理体系因素对管理的影响权重	14.894%
	设备安全措施有效性因素对管理的影响权重	14.894%
	安全监督和督导因素对管理的影响权重	14.894%
	四位一体综合防突措施因素对管理的影响权重	17.021%
	安全培训因素对管理的影响权重	14.894%
	设备维修频率因素对管理的影响权重	10.638%

2）模型其他参数的确定

由于研究涉及变量较多，许多变量无法用较为精确的数据表达，如违规作业、瓦斯抽采系统可靠性、煤层倾角、安全管理体系等。因此,本章充分利用软件对数据要求不高且输入不同参数可以得到系统变化趋势的特点,对煤与瓦斯突出事故安全风险系统相关因素变量进行了假设。本章对各个子系统的相关因素变量都假设为$[0,1]$区间,统一数据区间是为了方便对下节子系统趋势图进行对比分析,所以本章模型温度、湿度和风速的随机变量假设区间均为$[0,0.05]$,其他相关因素辅助变量假设为0.05,因为许多变量无法用较为精确的数据来表达,这些参数变量也可以假设为其他值,为仿真模拟提供数据支持。

8.3.2　仿真模拟

将参数带入模型方程中,仿真模拟后得到如图 8-12 所示的仿真趋势图。

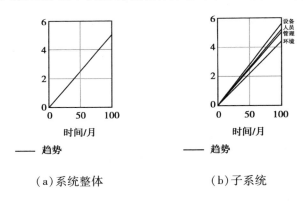

（a）系统整体　　　　　（b）子系统

图 8-12　仿真趋势图

不难看出,煤与瓦斯突出事故随着时间的累积不断增加,由此可以看出人员、环境、设备、管理 4 个子系统因素对于煤与瓦斯突出事故的影响是比较大的。同时,每个子系统能力值随着时间累积呈逐渐增长变化且增长速率几乎不变。由于各子系统的因素不同,导致了各个子系统的增长变化情况也不尽相同,其中设备子系统斜率相比与其他子系统较大因此增加较快,而环境子系统增长速率相对较慢。这也从侧面说明设备子系统对煤与瓦斯突出的相对影响较大,而环境子系统相对影响最小,但是通过各子系统的仿真趋势图不难发现不管是人员、环境、设备还是管理子系统对于煤与瓦斯突出的影响都很大,因此,贵州煤矿企业预防煤与瓦斯突出的重点工作不仅仅是单因素的重视和预防,对于人员、设备、环境、管理 4 个子系统的因素都得注重。

8.4　本章小结

①通过对 2013—2024 年贵州省煤与瓦斯突出事故案例进行统计分析与文献检索,提取了导致煤与瓦斯突出事故发生的主要因素,并归为人员、设备、环境、管理 4 个因子,阐述了 4 个因子的关联范围以及各因子的影响因素,并建立了贵州省煤与瓦斯突出事故影响因子体系结构。

②基于系统动力学理论,运用 Vensim 软件构建了贵州省煤与瓦斯突出事故安全风险系统动力学模型。通过层次分析法等确定各因子权重以及模型其他参数,并将参数代入模型方程进行模拟仿真,得出每个子系统能力值随着时间累积呈逐渐增长变化且增长速率几乎不变以及设备子系统斜率相比与其他子系统较大,增加较快,而环境子系统增加相对较慢的结论。

③通过各子系统的仿真趋势图不难发现,无论是人员子系统、环境子系统、设备子系统还是管理子系统对于煤与瓦斯突出的影响都很大,贵州煤矿企业预防煤与瓦斯突出的重点工作不仅仅是重视和预防单一因素,对于人员子系统、设备子系统、环境子系统、管理子系统 4 个子系统的因素都得注重。

参考文献

[1] 廖莉萍,郭振春.贵州煤炭资源及电煤地质勘查工作建议[J].贵州地质,
2004,(4):262-264.

[2] 李希建.贵州突出煤理化特性及其对甲烷吸附的分子模拟研究[D].徐州:
中国矿业大学,2013.

[3] 李希建,徐明智.近年我国煤与瓦斯突出事故统计分析及其防治措施[J].
矿山机械,2010,38(10):13-16.

[4] 袁亮.煤矿典型动力灾害风险判识及监控预警技术"十三五"研究进展[J].
矿业科学学报,2021,6(1):1-8.

[5] 齐庆新,潘一山,舒龙勇,等.煤矿深部开采煤岩动力灾害多尺度分源防控
理论与技术架构[J].煤炭学报,2018,43(7):1801-1810.

[6] 袁亮,姜耀东,何学秋,等.煤矿典型动力灾害风险精准判识及监控预警关
键技术研究进展[J].煤炭学报,2018,43(2):306-318.

[7] 潘一山.煤与瓦斯突出、冲击地压复合动力灾害一体化研究[J].煤炭学报,
2016,41(1):105-112.

[8] 尹光志,李星,鲁俊等.深部开采动静载荷作用下复合动力灾害致灾机理研
究[J].煤炭学报,2017,42(9):2316-2326.

[9] AN F H, CHENG Y P, WANG L, et al. A numerical model for outburst
including the effect of adsorbed gas on coal deformation and mechanical proper-
ties[J]. Computers and Geotechnics,2013,54:222-231.

[10] AN F H,CHENG Y P. An explanation of large-scale coal and gas outbursts in

underground coal mines: the effect of low-permeability zones on abnormally abundant gas[J]. Natural Hazards and Earth System Sciences,2014,14(8): 2125-2132.

[11] XIN C, WANG K, DU F, et al. Mechanical properties and permeability evolution of gas-bearing coal under phased variable speed loading and unloading[J]. Arabian Journal of Geosciences,2018,11:1-12.

[12] PAN Y. Integrated study on compound dynamic disaster of coal-gas outburst and rockburst[J]. Journal of China Coal Society,2016 (1).

[13] WANG K,DU F. Coal-gas compound dynamic disasters in China:a review[J]. Process Safety and Environmental Protection,2020,133:1-17.

[14] WANG X,TIAN C, WANG Q, et al. Study on influencing factors and prevention measures of coal-rock-gas compound dynamic disaster in deep coal mining[J]. Scientific Reports,2025,15(1):2080.

[15] XIE S L,LIU Q,LIU A,et al. Identification of the gas explosion hazardous area in a gob by numerical simulations—a case study of the 6310 working face of tangkou coal mine[J]. ACS omega,2024,9(44):44805-44814.

[16] MA D,ZHANG L,HAN G,et al. Numerical study on the explosion reaction mechanism of multicomponent combustible gas in coal mines[J]. Fire,2024,7(10):368.

[17] WU Z L,LI Y T,JING Q. Quantitative risk assessment of coal mine gas explosion based on a Bayesian network and computational fluid dynamics[J]. Process Safety and Environmental Protection,2024,190:780-793.

[18] LIN Z J,LI M,HE S,et al. Analysis on typical characteristics and causes of coal mine gas explosion accidents in China[J]. Environmental Science and Pollution Research,2024,31(43):55475-55489.

[19] LIU J L,YE Q,JIA Z Z,et al. Analysis of factors affecting emergency response

linkage in coal mine gas explosion accidents[J]. Sustainability, 2024, 16 (15):6325.

[20] LIU Z Q, ZHONG X X, YE J H, et al. Characterization of the gas explosion under continuous disturbance by coal gangue in a coal mine gob[J]. Case Studies in Thermal Engineering, 2024:104679.

[21] JIA Q S, FU G, XIE X C, et al. Enhancing accident cause analysis through text classification and accident causation theory: A case study of coal mine gas explosion accidents[J]. Process Safety and Environmental Protection, 2024, 185: 989-1002.

[22] GUO H M, CHENG L H, LI S G, et al. Risk assessment method in relation to coal mine gas explosion based on safety information loss[J]. Process Safety Progress, 2024, 43(4):651-658.

[23] KURSUNOGLU N. Fuzzy multi-criteria decision-making framework for controlling methane explosions in coal mines[J]. Environmental Science and Pollution Research, 2024, 31(6):9045-9061.

[24] WANG Y X, FU G, LIU Q, et al. Accident case-driven study on the causal modeling and prevention strategies of coal-mine gas-explosion accidents: A systematic analysis of coal-mine accidents in China[J]. Resources Policy, 2024, 88:104425.

[25] 石元来. 基于数据挖掘的榆树坡煤矿隐患分析与风险预警技术研究[J]. 煤矿现代化, 2024, 33(6):88-92.

[26] 孙柏伟, 李士成, 吴长飞. 煤矿井下通风及瓦斯爆炸的防治措施探究[J]. 内蒙古煤炭经济, 2024, (13):19-21.

[27] 盛武, 张琪. 基于 CIA-ISM-BN 煤矿瓦斯爆炸事故分析[J]. 华北理工大学学报(自然科学版), 2024, 46(3):32-43.

[28] 国汉君, 赵伟, 宋亚楠, 等. 基于历史事故案例的瓦斯爆炸情景要素提取及

情景构建方法研究[J].矿业安全与环保,2024,51(3):43-49.

[29] 李玉麟.矿井火区瓦斯爆炸风险识别与评价方法研究[D].廊坊:华北科技学院,2024.

[30] 侯玮,林倩,马润泽,等.基于改进 Bow-tie 模型的煤矿瓦斯爆炸事故分析与研究[J].煤炭与化工,2024,47(2):120-125.

[31] 林志军,李敏,贺珊,等.基于博弈论-贝叶斯网络的煤矿瓦斯爆炸风险评估[J].煤炭学报,2024,49(8):3484-3497.

[32] 李宣东,胡兵,石福泰,等.煤矿瓦斯爆炸事故不安全动作多维属性统计及特征分析[J].煤矿安全,2024,55(1):233-240.

[33] 余星辰,李小伟.基于小波散射变换的煤矿瓦斯和煤尘爆炸声音识别方法[J].煤炭科学技术,2024,52(S1):70-79.

[34] 邵良杉,杨金辉.基于事故表征和案例推理的煤矿瓦斯爆炸预测研究[J].安全与环境学报,2024,24(1):221-228.

[35] 朱云飞,王德明,赵安宁,等.原尺度煤矿掘进工作面瓦斯爆炸仿真研究[J].煤矿安全,2023,54(10):24-28.

[36] 袁晓芳,朱明杰,孙林辉.基于 csQCA 的煤矿瓦斯爆炸事故影响因素及路径研究[J].煤矿安全,2023,54(10):237-242.

[37] 郝秦霞,尚海涛.煤矿瓦斯爆炸事故致因选取与风险等级预测[J].煤矿安全,2023,54(10):243-249.

[38] 顾云锋,杨素霞,陆慧,等.基于数据挖掘的瓦斯爆炸预警系统研究[J].煤炭技术,2023,42(8):159-161.

[39] 张莉聪,李斯曼,周振兴.煤矿瓦斯多相协同抑爆的研究进展与展望[J].中国安全科学学报,2023,33(S1):97-104.

[40] 况婧雯.基于案例推理的 B 煤矿瓦斯爆炸事故应急预案制定研究[D].阜新:辽宁工程技术大学,2023.

[41] 穆璐璐.瓦斯爆炸事故致因分析及应急决策方法研究[D].焦作:河南理工

大学,2023.

[42] 翟富尔. $NaHCO_3$ 和 $NH_4H_2PO_4$ 抑制煤尘/瓦斯复合爆炸实验研究及机理分析[D]. 重庆:重庆大学,2023.

[43] 周振兴. 障碍物形状和数量对含尘瓦斯爆炸激励效应影响的数值模拟研究[D]. 廊坊:华北科技学院,2023.

[44] 朱云飞,王德明,赵安宁,等. 巷道空间特征对煤矿瓦斯爆炸超压的影响[J]. 矿业研究与开发,2023,43(5):143-148.

[45] 郭慧敏,成连华,李树刚. 基于 DEMATEL-ISM-MICMAC 的煤矿瓦斯爆炸致因研究[J]. 矿业安全与环保,2023,50(2):114-119.

[46] 李彦君. 采空区煤自燃高温诱发瓦斯爆炸机制及预警方法[D]. 徐州:中国矿业大学,2023.

[47] 孙继平,余星辰,王云泉. 基于声谱图和 SVM 的煤矿瓦斯和煤尘爆炸识别方法[J]. 煤炭科学技术,2023,51(2):366-376.

[48] 司荣军,牛宜辉,王磊,等. 煤矿瓦斯煤尘爆炸的动力学特性研究进展[J]. 工程爆破,2023,29(1):30-39.

[49] 梁建军,雷咸锐,吴斌,等. 基于规则模式的瓦斯爆炸事故信息抽取技术[J]. 煤矿安全,2023,54(2):239-245.

[50] 杨鹏飞,田水承. 煤矿瓦斯爆炸高概率险兆事件致因因素重要度研究[J]. 安全与环境学报,2023,23(8):2794-2801.

[51] 余星辰,李小伟. 基于特征融合的煤矿瓦斯和煤尘爆炸声音识别方法[J]. 煤炭学报,2023,48(S2):638-646.

[52] 刘会景. 基于未确知测度的煤矿瓦斯爆炸应急救援能力综合评估[J]. 煤炭工程,2023,55(1):180-186.

[53] 余星辰,王云泉. 基于小波包能量的煤矿瓦斯和煤尘爆炸声音识别方法[J]. 工矿自动化,2023,49(1):131-139.

[54] 景国勋,穆璐璐. 煤矿瓦斯爆炸事故统计分析及应急管理研究[J]. 安全与

环境学报,2023,23(10):3657-3665.

[55] 贾清淞.基于自然语言处理技术的煤矿瓦斯爆炸事故原因分析研究[D].北京:中国矿业大学,2023.

[56] 景国勋,陈纪宏.基于SPA-VFS耦合模型的瓦斯爆炸风险评价[J].安全与环境学报,2023,23(7):2151-2158.

[57] 赖文哲,邵良杉.基于博弈论偏序集的煤矿瓦斯爆炸风险评价模型研究[J].运筹与管理,2023,32(9):136-142.

[58] 朱金超.瓦斯煤尘爆炸化学机理及爆炸动力与通风动力耦合研究[D].阜阳:辽宁工程技术大学,2022.

[59] 孙继平,余星辰.基于CEEMD分量样本熵与SVM分类的煤矿瓦斯和煤尘爆炸声音识别方法[J].采矿与安全工程学报,2022,39(5):1061-1070.

[60] 林松.瓦斯(煤尘)二次爆炸特性及反应动力学机理研究[D].徐州:中国矿业大学,2022.

[61] 郭阿娟.基于多源数据融合的煤矿瓦斯爆炸风险拓扑网络度量研究[D].西安:西安科技大学,2022.

[62] 左敏昊.基于累积效应的煤矿瓦斯爆炸风险演化过程与仿真研究[D].西安:西安科技大学,2022.

[63] 贺涛.高岭土基改性/复配抑爆剂抑制瓦斯煤尘复合爆炸特性研究[D].重庆:重庆大学,2022.

[64] 吴江杰.基于案例推理的煤矿瓦斯灾害预警系统研究[D].重庆:重庆大学,2022.

[65] 伍彩琳.基于数据融合的瓦斯爆炸态势智能预警研究及应用[D].重庆:重庆大学,2022.

[66] 徐美玲,薛晔,李凡,等.基于PSO-BP-DEMETEL模型的煤矿瓦斯爆炸风险因素分析[J].煤矿安全,2022,53(5):164-170.

[67] 陈纪宏.基于集对分析-区间三角模糊数耦合的煤矿瓦斯爆炸风险评价研

究[D].焦作:河南理工大学,2022.

[68] 成连华,郭阿娟,郭慧敏,等.煤矿瓦斯爆炸风险耦合演化路径研究[J].中国安全科学学报,2022,32(4):59-64.

[69] 田水承,谢文猛,杨鹏飞.煤矿瓦斯爆炸险兆事件主动上报意愿影响因素分析及评价[J].煤炭技术,2022,41(4):78-81.

[70] 成连华,郭阿娟,刘黎,等.基于拓扑网络算法的煤矿瓦斯爆炸风险度量[J].西安科技大学学报,2022,42(2):268-275.

[71] 申朝阳,王赛尔.基于"2-4"模型的煤矿重特大瓦斯爆炸事故分析[J].内蒙古煤炭经济,2022,(6):83-86.

[72] 王浩,张泉,汪宝发.基于属性数学理论的矿井瓦斯爆炸危险性预测[J].内蒙古煤炭经济,2022,(5):1-5.

[73] 余明高,贺涛,李海涛,等.改性高岭土抑爆剂对瓦斯煤尘复合爆炸压力的影响[J].煤炭学报,2022,47(1):348-359.

[74] 李雷雷,丁晓文,梁跃强,等.基于灾区环境的矿井瓦斯爆炸事故应急救援方法研究[J].煤矿安全,2022,53(1):237-242.

[75] 张勇,连小勇,李军.煤矿瓦斯爆炸事故隐患及风险的表征方法[J].工业安全与环保,2022,48(1):42-45,59.

[76] ZHANG C L,WANG E Y,XU J,et al. A new method for coal and gas outburst prediction and prevention based on the fragmentation of ejected coal[J]. Fuel, 2021,287:119493.

[77] 俞启香,程远平.矿井瓦斯防治[M].徐州:中国矿业大学出版社,2012.

[78] 于不凡.煤矿瓦斯灾害防治及利用技术手册[M].北京:煤炭工业出版社,2000.

[79] 李希建,林柏泉.煤与瓦斯突出机理研究现状及分析[J].煤田地质与勘探,2010,38(1):7-13.

[80] NIE B S, LI X C. Mechanism research on coal and gas outburst during

vibration blasting[J]. Safety science,2012,50(4):741-744.

[81] ZHAO W,CHENG Y P,GUO P K,et al. An analysis of the gas-solid plug flow formation:new insights into the coal failure process during coal and gas outbursts[J]. Powder Technology,2017,305:39-47.

[82] ODINTSEV V N,SHIPOVSKII I E. Simulating explosive effect on gas-dynamic state of outburst-hazardous coal band[J]. Journal of Mining Science,2019,55 (4):556-566.

[83] TIAN W,YANG W,LUO L,et al. Water Injection Into Coal Seams for Outburst Prevention:The Coupling Effect of Gas Displacement and Desorption Inhibition [J]. ACS Omega,9(26):28754-28763,2024.

[84] QIAO Z,LI C W,WANG Q F,et al. Principles of formulating measures regarding preventing coal and gas outbursts in deep mining:Based on stress distribution and failure characteristics[J]. Fuel,2024,356:129578.

[85] ZHANG P. Regional outburst prevention technology of pre-drainage gas area in west well area of sihe coal mine[J]. Frontiers in Energy Research,2023, 11:1296830.

[86] LI X Z,ZHOU W L,HAO S G,et al. Prevention and Control of Coal and Gas Outburst by Directional Hydraulic Fracturing through Seams and Its Application[J]. ACS omega,2023,8(41):38359-38372.

[87] CHEN Y,LIU R H,LI Y C,et al. Comprehensive gas prevention and control technique for mining the first seam in short-distance outburst coal seam groups [J]. ACS omega,2023,8(38):35012-35023.

[88] FAN C J,XU L,ELSWORTH D,et al. Spatial-temporal evolution and countermeasures for coal and gas outbursts represented as a dynamic system[J]. Rock Mechanics and Rock Engineering,2023,56(9):6855-6877.

[89] JIA Z Z,TAO F,YE Q. Experimental research on coal-gas outburst prevention

by injection liquid freezing during uncovering coal seam in rock crosscut[J]. Sustainability,2023,15(3):1788.

[90] WANG C,LI X,LIU L,et al. Dynamic effect of gas initial desorption in coals with different moisture contents and energy-controlling mechanism for outburst prevention of water injection in coal seams[J]. Journal of Petroleum Science and Engineering,2023,220:111270.

[91] XIE X C,SHU X M,GUI F,et al. Accident causes data-driven coal and gas outburst accidents prevention:Application of data mining and machine learning in accident path mining and accident case-based deduction[J]. Process Safety and Environmental Protection,2022,162:891-913.

[92] WU X H,ZHU T,LIU Y F,et al. Mechanism of coal seam permeability enhancement and gas outburst prevention under hydraulic fracturing technology [J]. Geofluids,2022,2022(1):7151851.

[93] QIN Y J,JIN K,TIAN F C,et al. Effects of ultrathin igneous sill intrusion on the petrology,pore structure and ad/desorption properties of high volatile bituminous coal:Implications for the coal and gas outburst prevention[J]. Fuel, 2022,316:123340.

[94] YANG W,ZHANG W X,LIN B Q,et al. Integration of protective mining and underground backfilling for coal and gas outburst control:A case study[J]. Process Safety and Environmental Protection,2022,157:273-283.

[95] 李宇杰,刘小鹏. 煤矿开采瓦斯突出致灾机制与治理技术研究进展[J]. 采矿技术,2024,24(6):159-166.

[96] 郭华峰. 断层滑移区煤与瓦斯突出防控技术研究[J]. 科学技术创新, 2024,(18):173-176.

[97] 范超军,张鑫鹏,杨雷,等. 1950—2022 年中国煤与瓦斯突出事故的时空分布规律[J]. 辽宁工程技术大学学报(自然科学版),2024,43(3):279-287.

［98］程瑜.水力化防治煤与瓦斯突出技术研究现状［J］.煤炭与化工,2024,47
　　　（5）:112-115,69.

［99］焦先军,童校长,李明强.开采保护层与预抽煤层瓦斯防突效果分析［J］.
　　　煤炭技术,2024,43（2）:118-120.

［100］翟成,丛钰洲,陈爱坤,等.中国煤矿瓦斯突出灾害治理的若干思考及展
　　　望［J］.中国矿业大学学报,2023,52（6）:1146-1161.

［101］徐传田.淮北矿区地质构造对煤层瓦斯赋存的控制作用及防治技术研究
　　　［D］.徐州:中国矿业大学,2023.

［102］王超杰,唐泽湘,徐长航,等.采掘工作面孕突过程地应力诱使煤体初始
　　　破坏动态响应机制［J］.煤炭科学技术,2023,51（10）:140-154.

［103］李普.冲击载荷下"三软"煤层断层区煤岩力学响应特征及防突技术研究
　　　［D］.焦作:河南理工大学,2022.

［104］姜笑楠.基于应力指数法冲击地压瓦斯突出复合灾害危险性评价与防治
　　　研究［D］.沈阳:辽宁大学,2022.

［105］于景晓.煤与瓦斯突出灾变时期瓦斯运移规律及应急避灾研究［D］.阜
　　　新:辽宁工程技术大学,2022.

［106］王成龙.脉状火成岩侵蚀下煤与瓦斯赋存特征及突出防治对策研究［D］.
　　　湘潭:湖南科技大学,2022.

［107］黄妍.非连续性岩浆岩侵蚀下煤与瓦斯突出危险性评估与防治措施研究
　　　［D］.湘潭:湖南科技大学,2022.

［108］葛畅.基于抽采钻孔的三维煤层模型研究及其在突出防治中的应用［D］.
　　　徐州:中国矿业大学,2022.

［109］王恩元,张国锐,张超林,等.我国煤与瓦斯突出防治理论技术研究进展
　　　与展望［J］.煤炭学报,2022,47（1）:297-322.

［110］李润求.煤矿瓦斯爆炸灾害风险模式识别与预警研究［D］.长沙:中南大
　　　学,2013.

[111] 刘佳兵."双重预防机制"在基层安全管理上的应用[J].石油化工安全环保技术,2018,34(5):10-12,5.

[112] 郭廷德.控制论在安全生产管理中的应用[J].中外企业家,2012(5):103-104.

[113] 宋忠江,郭睿.浅析自动控制系统的理论性及发展现状[J].电子测试,2018(8):119,121.

[114] 张子慧.热工测量与自动控制[M].北京:中国建筑工业出版社,1996.

[115] 胡寿松.自动控制原理[M].6版.北京:科学出版社,2016.

[116] 尤小军.自动控制理论[M].北京:中国电力出版社,2016.

[117] 何学秋,等.安全工程学[M].徐州:中国矿业大学出版社,2000.

[118] 刘铁民,张兴凯,刘功智.安全评价方法应用指南[M].北京:化学工业出版社,2005.

[119] 韩安.煤矿瓦斯巡检管理系统[J].工矿自动化,2018,44(10):37.

[120] 任俊阳.浅析煤矿监控和调度信息系统信息化集成发展[J].中外企业家,2018(4):220.

[121] 张笑影.关于我国煤矿安全生产监控与调度系统的探讨[J].企业导报,2014(20):163,174.

[122] 于敏.煤矿安全监控系统管理问题浅析[J].内蒙古煤炭经济,2013(10):171,177.

[123] 王宇.浅析煤矿瓦斯治理的现状及策略[J].山东工业技术,2018(3):84.

[124] 杨献勇.热工过程自动控制[M].2版.北京:清华大学出版社,2008.

[125] 顾樵.数学物理方法[M].北京:科学出版社,2012.

[126] 韩静,朱玉龙.传递函数建模及仿真应用[J].科技传播,2016,8(19):245-247.

[127] 郭齐胜,董志明,李亮,等.系统建模与仿真[M].北京:国防工业出版社,2007.

［128］姜启源,谢金星,叶俊.数学建模[M].北京:高等教育出版社,2003.

［129］洪宁波.煤矿通风瓦斯超限预控监管技术及其系统[J].陕西煤炭,2018, 37(3):145-147.

［130］雷勇.煤矿防治瓦斯超限技术研究与应用[J].山东工业技术,2017(14): 69,81.

［131］张海亮.煤矿瓦斯超限防治措施探讨[J].内蒙古煤炭经济,2017(9): 88,94.

［132］范英,李辰,晋民杰,等.三角模糊数和层次分析法在风险评价中的应用研究[J].中国安全科学学报,2014,24(7):70-74.

［133］张孝远,陈凯华.基于三角模糊数的综合评价体系的研究[J].中国科技论文在线,2006(5):317-324.

［134］徐泽水.基于FOWA算子的三角模糊数互补判断矩阵排序法[J].系统工程理论与实践,2003,23(10):86-89.

［135］聂相田,丁一桐,杨淇,等.一种基于模糊层次分析法的SWOT改进模型[J].数学的实践与认识,2018,48(3):279-284.

［136］张国枢.通风安全学[M].2版.徐州:中国矿业大学出版社,2011.

［137］李树刚,魏引尚,戴广龙,等.安全监测与监控[M].徐州:中国矿业大学出版社,2011.

［138］王彦波,谢贤平,李锦峰,等.基于FAHP的煤矿瓦斯治理综合评价研究[J].中国安全生产科学技术,2012,8(11):101-106.

［139］李雪冰.基于AHP的瓦斯抽采达标模糊综合评价[D].阜新:辽宁工程技术大学,2013.

［140］景玉红.人体系统与科研系统的耗散结构特征[J].山西高等学校社会科学学报,2004,16(2):21-24.

［141］张文焕,刘光霞,苏连义.控制论、信息论、系统论与现代管理[M].北京:北京出版社,1990.

[142] 李晓飞.控制论与作业行为控制-安全系统自组织控制模式研究[J].安全,1990,6:4-7.

[143] 孙海民.我国煤矿安全管理模式对比分析[J].中国高新技术企业,2013(34):93-95.

[144] 徐志胜,姜学鹏.安全系统工程[M].3版.北京:机械工业出版社,2014.

[145] 刘年平.煤矿安全生产风险预警研究[D].重庆:重庆大学,2012.

[146] 李爽.煤矿企业安全文化系统研究[D].徐州:中国矿业大学,2009.

[147] ROBERTSON P J. The relationship between work setting and employee behaviour:a study of a critical linkage in the organizational change process[J]. Journal of Organizational Change Management,1994,7(3):22-43.

[148] LAU A,PAVETT C M. The nature of managerial work:A comparison of publi-cand private-sector managers[J]. Group & Organization Studies,1980,5(4):453-466.

[149] 朱炎铭,赵洪,闫庆磊,等.贵州五轮山井田构造演化与煤层气成藏[J].中国煤炭地质,2008,20(10):38-41.

[150] 张超林,王培仲,王恩元,等.我国煤与瓦斯突出机理70年发展历程与展望[J].煤田地质与勘探,2023,51(2):59-94.

[151] 刘义.煤与瓦斯突出过程煤体层裂演化与煤粉运移模拟实验研究[D].淮南:安徽理工大学,2022.

[152] 张玉锁.煤与瓦斯突出的地质作用[J].中国高新科技,2021(9):108-109.

[153] 张嘉勇,庞飞,周凤增,等.钱家营矿煤与瓦斯突出关键因素分析[J].中国矿业,2018,27(2):107-111.

[154] 张东旭.外加水分对煤层瓦斯压力测定的影响分析[J].矿业安全与环保,2021,48(4):118-122.

[155] 邢媛媛,张飞飞,邱黎明.基于风险界面理论的煤与瓦斯突出风险研究

［J］.煤炭工程,2018,50(9):91-95.

［156］王其藩.系统动力学［M］.北京:清华大学出版社,1988.

［157］陈国卫,金家善,耿俊豹.系统动力学应用研究综述［J］.控制工程,2012,19(6):921-928.

［158］王海志.基于系统动力学的地铁施工风险分析［D］.福州:福州大学,2016.

［159］叶兰.我国瓦斯事故规律及预防措施研究［J］.中国煤层气,2020,17(4):44-47.

［160］詹小凡.煤与瓦斯突出事故分析及预测研究［D］.阜新:辽宁工程技术大学,2020.

［161］滕宇思.基于系统动力学的西安市土地综合承载力评价与预测研究［D］.西安:西北工业大学,2016.

后　记

　　本书是在系统理论视角下开展煤矿瓦斯灾害防治技术研究的专著。首先，通过理论分析、数学建模与现场实践考察等方法相结合，从"应急响应模式""应急响应数学模型""瓦斯超限治理响应过程""自组织安全管理模式"4 个方面对煤矿瓦斯爆炸灾前危机应急响应机制展开研究，主要研究结论如下所述。

　　①本书从负反馈控制机理出发并以瓦斯爆炸的产生过程及条件为依据提出了以矿井瓦斯浓度为被控变量，以煤矿主体或某一生产单元为被控对象的煤矿瓦斯爆炸灾前危机应急响应模式，该模式由"监控（系统平台）、调度机构""瓦斯治理相关部门""煤矿主体（某一生产单元）""传感器""井下作业人员"5 个环节构成。

　　②在煤矿瓦斯爆炸灾前危机应急响应模式的基础上，基于"拉普拉斯变换""系统代数状态方程"等理论，运用系统辨识建模法，得到了应急响应数学表达式并绘制了表达式的响应曲线，由响应曲线得出：在煤矿主体（某一生产单元）自身结构系数 K_a 及自身时间常数 T_a 不变的情况下，针对同样的干扰 n，在井下作业人员工作能力系数 K_1 较大或反馈时间常数 T_1 较小、传感器工作可靠性系数 K_2 较大或传输时间常数 T_2 较小、"监控（系统平台）、调度机构"决策系数 K_c 较大、瓦斯治理相关部门执行系数 K_o 较大及矿井瓦斯涌出系数 K_f 较小的情况下，瓦斯浓度达到的最高值均较小且衰减振荡持续时间均较短。

　　③依据现场调研所得数据，从"瓦斯超限原因""瓦斯超限持续时间""瓦斯超限浓度"3 个方面进行统计，发现现阶段瓦斯超限治理响应过程存在"瓦斯超

限持续时间较长"与"瓦斯超限过程中达到的最高浓度值较大"两方面问题；并结合煤矿瓦斯爆炸灾前危机应急响应数学模型得出瓦斯超限治理响应过程应从"传感器""井下作业人员""监控调度机构""瓦斯治理相关部门"及"煤矿企业瓦斯防治"5个方面进行及时性提升。同时，应用FOWA方法分析煤矿瓦斯超限治理响应过程可靠性影响因素，明确了应从"监测监控系统可靠性""通风系统可靠性"及"瓦斯抽采系统可靠性"等方面进行可靠性提升。

④本书依据反馈响应原理与安全管理模式结构特点，结合煤矿瓦斯爆炸灾前危机应急响应模式，提出基于反馈响应的自组织安全管理模式包含"监控（系统平台）、调度机构""瓦斯治理相关部门""井下作业人员""传感器"4个构成要素，并且这4个构成要素存在以"监控（系统平台）、调度机构"为核心，"瓦斯治理相关部门""井下作业人员""传感器"围绕"监控（系统平台）、调度机构"相互交错影响融合、持续改进的关系。该模式是在内因与外因共同作用下形成的，组成该模式的4个构成要素的自身条件因素为模式形成的内因，企业的管理状况为模式形成的外因。

⑤基于反馈响应的自组织安全管理模式的自然演化实际上是一种自组织的演化，模式的自组织演化趋势由其本身的特性决定，且模式的自然演化协调有序的动态发展既是各要素相互作用的结果又是模式本身加速发展的内需，模式的形成与演化也是模式通过其构成要素基本功能的自组织运动过程，而组成该模式的4个构成要素的可靠性的提升是该模式进行演化的动力并且该模式演化的核心是"监控（系统平台）、调度机构"的可靠性的提升。

其次，通过理论分析、数值模拟、数据统计与分析等方法相结合，从"贵州省煤与瓦斯突出事故概况""贵州省煤与瓦斯突出事故安全风险系统动力学识别研究"等方面开展煤与瓦斯突出事故安全风险系统动力学识别研究，主要研究结论如下所述。

①本书具体阐述了煤与瓦斯突出与系统动力学相关理论，主要包括"煤与瓦斯突出的定义、分类与特征""突出事故的地质与物理机制""影响煤与瓦

突出的关键因素""安全风险因素分析方法""预防与控制措施的研究进展"以及系统动力学理论的来源、应用领域以及建模所需因果回路图的定义等,为煤与瓦斯突出事故安全风险系统动力学识别奠定理论基础。

②通过对 2013—2024 年贵州省煤与瓦斯突出事故的统计分析,发现贵州省煤与瓦斯突出事故存在"突发性非常强""事故发生难以预测控制""发生频率与严重性高"等特点,并认为"地质构造"等地质因素、"开采方法"等开采因素与"安全意识"等人为因素在事故发生中起决定性作用;提出了"升级与优化监测预警系统""探索与改进支护加固技术"等技术对策以及"建立以风险管理为核心的安全管理体系""提高员工安全意识和操作技能""有效应急响应""法规制定与有效执行"等管理对策,同时具体阐述了对策的实施策略以及对策实施效果的评估与反馈方法。

③依据对 2013—2024 年贵州省煤与瓦斯突出事故的统计分析结果,提取了导致煤与瓦斯突出事故发生的主要因素,并归为人员、设备、环境、管理 4 个因子,详细阐述了 4 个因子的关联范围以及各因子的影响因素并建立了贵州省煤与瓦斯突出事故影响因子体系结构。

④基于系统动力学理论,运用 Vensim 软件构建了贵州省煤与瓦斯突出事故安全风险系统动力学模型。通过层次分析法等确定各因子权重以及模型其他参数并将参数代入模型方程进行模拟仿真,得出每个子系统能力值随着时间累积呈逐渐增长变化且增长速率几乎不变,以及设备子系统斜率与其他子系统相比较大增加较快,而环境子系统增加相对较慢。同时,通过各子系统的仿真趋势图不难发现无论是人员、环境、设备还是管理子系统对于煤与瓦斯突出的影响都很大,贵州煤矿企业预防煤与瓦斯突出的重点工作不仅仅是单因素的重视和预防,对于人员、设备、环境、管理 4 个子系统的因素都得注重。

本书虽然很好地基于系统理论视角进行了煤矿瓦斯爆炸灾前危机应急响应机制研究以及煤与瓦斯突出事故安全风险系统动力学识别研究并得出了一些研究结论,但由于作者自身能力与条件的限制,本书在以下方面仍需进行研究与完善。

①井下瓦斯浓度反馈至"监控（系统平台）、调度机构"的途径不只有"井下作业人员"与"传感器"，还有其他途径，本文需要对煤矿瓦斯爆炸灾前危机应急响应模式进行更深层次的研究，构建包含其他途径的多回路的煤矿瓦斯爆炸灾前危机应急响应模式。

②实际情况下影响矿井瓦斯浓度的因素错综复杂，后期在煤矿瓦斯爆炸灾前危机应急响应数学模型方面，应全面研究在"瓦斯涌出量""瓦斯抽采程度""矿井通风能力"等干扰因素共同作用下的响应表达式。另外，本书仅在瓦斯爆炸灾前应急响应方面运用反馈控制理论等知识建立数学模型，而建立数学模型所用的建模思路以及所建数学模型是否可用于顶板、火灾、煤尘爆炸、水灾等其他灾害的防治研究上应重点考虑。

③本书仅对基于反馈响应的自组织安全管理模式的构成要素及其关系、形成过程及演化机理进行了研究，而该管理模式如何实施应是后续重点考虑的问题。

④尽管本书对煤与瓦斯突出事故安全风险系统作了较为详细的因素分析，但由于影响煤与瓦斯突出事故安全风险系统的因素较多，有忽视和未分析的因素是必然存在的，对各因素间关系的研究也是比较粗略的，没有进行更具体、更深层次的研究。

⑤为了进一步探索煤与瓦斯突出事故安全风险系统的内在作用机制，还可以从其他方面进行研究，比如：如何使用较为精确的数据表达、研究各子系统相关因子变量对于煤与瓦斯突出事故安全风险系统的影响程度等。